© Upbility Publications LTD, 2020

Cette publication est protégée par le droit d'auteur. La mention des droits d'auteur, présente sur chaque page, doit être conservée sur tous les exemplaires (impressions, etc.) de cette page. L'absence de cette mention constitue une violation de la loi relative aux droits d'auteur et expose le contrevenant à des poursuites judiciaires.

Les opinions exprimées dans cet ouvrage sont uniquement celles de l'auteur. Ce dernier garantit être le propriétaire du contenu de ce livre ou disposer des droits nécessaires sur ledit contenu.

Toute publication ou reproduction du matériel, intégrale ou partielle, de quelque manière que ce soit, ainsi que toute traduction, adaptation ou exploitation de quelque manière que ce soit, sont interdites sans l'autorisation écrite expresse de l'éditeur, sauf pour l'utilisation de courtes citations dans une crtique de livre. Est également interdite toute reproduction de la composition, de la mise en page, de la couverture et plus généralement, de tout l'aspect graphique du matériel, par quelque moyen que ce soit (photocopie, moyen électronique ou autre). Tout exemplaire des pages de cet ouvrage doit contenir la mention des droits d'auteurs.

Upbility Publications LTD, 81-83 Grivas Digenis Avenue, 1090 Nicosia, Cyprus

Adresse électronique : info@upbility.eu

www.upbility.fr

SKU: FR-EB1099

Auteure : Anastasia Kourti, *Département de l'enseignement primaire de Patras, MSc en Troubles du langage et de la communication chez les enfants de l'Université de Sheffield*

Traduction et révision des textes : Emilie Sel

TABLE DES MATIÈRES

Introduction..1
Le temps
    Les saisons...2
    Les mois et les saisons..9
    Les jours de la semaine..12
Identification des nombres...13
Les nombres jusqu'à 10
    Écriture selon un modèle..16
    Compte et relie..27
    Compte et écris...32
    Entoure le plus grand nombre..38
    Entoure le plus petit nombre..41
    Labyrinthes..44
Les nombres jusqu'à 20
    Écriture selon un modèle..46
    Compte et relie..56
    Compte et écris...61
    Labyrinthes..67
Manipulation de nombres
    Le nombre précédent et le nombre suivant.......................................69
    Classement de nombres...71
    Les escaliers...75
Addition et soustraction jusqu'à 10
    Les dominos..79
    L'addition niveau 1..81
    L'addition niveau 2..89
    Les ajouts..95
    L'addition niveau 3..98
    La soustraction niveau 1...100
    La soustraction niveau 2...109
    La soustraction niveau 3...116
    Calculs...118
    Les doubles et les moitiés..119
    Les calculs équivalents...125

© copyright www.upbility.fr

TABLE DES MATIÈRES

L'addition avec dépassement de la dizaine
    Niveau 1..135
    Niveau 2..146
    Niveau 3..155
Les adjectifs numéraux..158
Plus grand, plus petit ou égal...163
Les nombres jusqu'à 100...164
Calculs écrits..165
Le code secret..174
Frises...176
Problèmes
    Étapes pour bien résoudre les problèmes...181
    Problèmes jusqu'à 10...182
    Problèmes jusqu'à 20...187

Annexes
    Lignes numériques...190
    Activités de symboles.. 192

INTRODUCTION

Ce livre s'adresse aux parents, aux éducateurs spécialisés, aux orthophonistes et aux enseignants dont les enfants, en âge préscolaire et surtout au début de la scolarité, éprouvent des difficultés en mathématiques. Toutefois, il peut constituer une aide supplémentaire pour tout enfant, des tout petits aux élèves de CP.

Il ne s'agit pas d'un manuel fondé sur le programme scolaire, mais d'une méthode autonome, qui vise à développer les compétences mathématiques de base de l'enfant.

Il commence par les premières notions mathématiques, telles que les concepts temporels et le comptage d'objets. Il poursuit avec des techniques de compréhension et de résolution des opérations de base, pour travailler ensuite des compétences plus complexes, telles que la résolution de problèmes.

Tous les exercices de ce livre ont été testés par des élèves qui présentaient des difficultés d'apprentissage simples ou plus généralisées, mais aussi par des enfants qui avaient seulement besoin d'exercices supplémentaires en mathématiques.

Un élément clé de ce livre est l'utilisation de supports visuels et de techniques qui simplifient le travail de l'enfant, plus particulièrement si ce dernier présente des difficultés. L'objectif principal de cette méthode est la compréhension de concepts simples et plus complexes, plutôt que la résolution mécanique d'exercices.

 Au bas de chaque page, se trouvent des indications et/ou des propositions adressées aux parents et aux spécialistes, pour comprendre l'objectif de chaque activité et savoir comment aider l'enfant de manière encore plus efficace.

© *copyright* www.upbility.fr

Le printemps

Qu'est-ce qui se passe, au printemps ?
Découpe les images adéquates et colle-les.
Les mois qui correspondent au printemps sont mars, avril et mai.

 Cette activité aide l'enfant à apprendre les mois et les saisons, tout en exerçant ses capacités de motricité fine.

L'été

Qu'est-ce qui se passe, en été ?
Découpe les images adéquates et colle-les.
Les mois qui correspondent à l'été sont juin, juillet et août.

 Cette activité aide l'enfant à apprendre les mois et les saisons, tout en exerçant ses capacités de motricité fine.

L'automne

Qu'est-ce qui se passe, **en automne** ?
Découpe les images adéquates et colle-les.
Les mois qui correspondent à l'automne sont **septembre, octobre** et **novembre**.

Cette activité aide l'enfant à apprendre les mois et les saisons, tout en exerçant ses capacités de motricité fine.

Remédier aux difficultés en mathématiques

L'hiver

Qu'est-ce qui se passe, **en hiver ?**
Découpe les images adéquates et colle-les.
Les mois qui correspondent à l'hiver sont **décembre**, **janvier** et **février**.

Cette activité aide l'enfant à apprendre les mois et les saisons, tout en exerçant ses capacités de motricité fine.

Remédier aux difficultés en mathématiques

Remédier aux difficultés en mathématiques

7

Remédier aux difficultés en mathématiques

8

LES MOIS ET LES SAISONS

Découpe les mois et colle-les dans les saisons correspondantes.

 Cet exercice constitue un moyen facile de retenir quels mois correspondent à chaque saison.

LES MOIS ET LES SAISONS

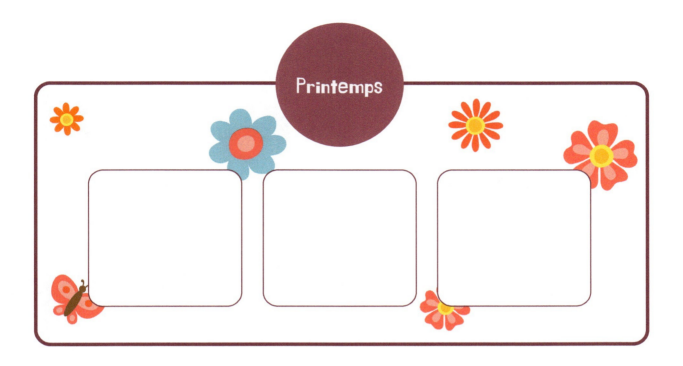

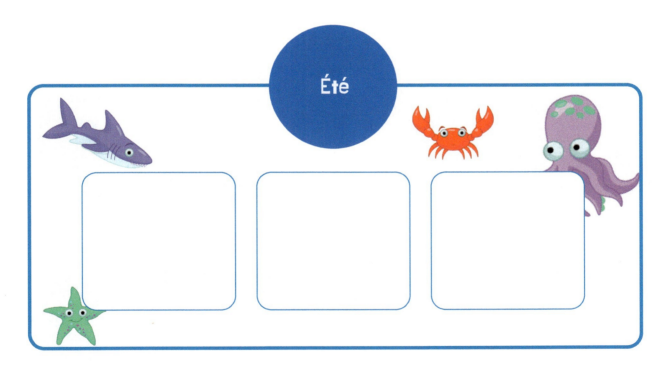

Remédier aux difficultés en mathématiques

LES MOIS ET LES SAISONS

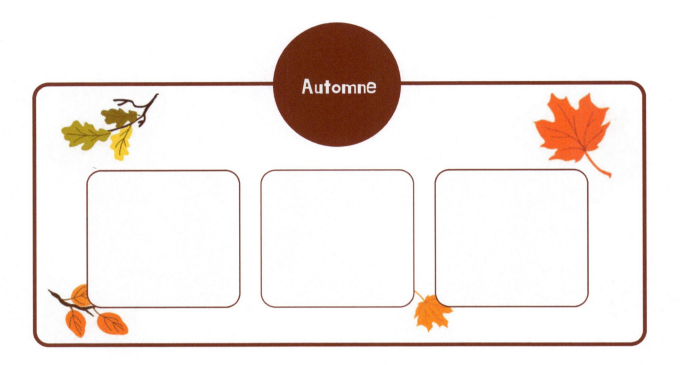

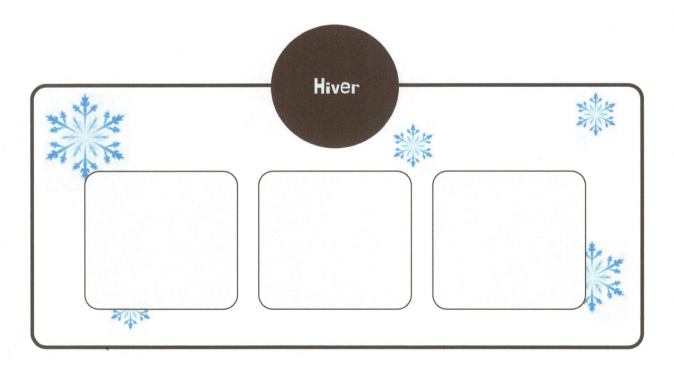

LES JOURS DE LA SEMAINE

Il y a 7 jours dans la semaine.
Lis leur nom sur le calendrier ci-dessous.

Mars

lundi	mardi	mercredi	jeudi	vendredi	samedi	dimanche
			1	2	3	4
5	6	7	8	9	10	11
12	13	14	15	16	17	18
19	20	21	22	23	24	25
26	27	28	29	30	31	

À présent, complète ce calendrier :

....	lundi	mardi	....
15	16	....	....
janvier	janvier	janvier	....
2018	2018	2018	....

Utilisez un calendrier ou un agenda électronique pour voir le nom du jour, ainsi que ceux de la veille et du lendemain.

IDENTIFICATION DES NOMBRES

Entoure, dans chaque ligne, le nombre indiqué dans la colonne de gauche, à chaque fois que tu le rencontres.

8	3	8	0	8	6	9
1	1	2	1	1	7	5
3	8	3	0	3	5	3
4	4	5	7	1	4	3
6	8	6	0	5	9	6

 Cette activité aide l'enfant à se familiariser avec les nombres et à comprendre qu'ils peuvent s'écrire de plusieurs manières différentes.

Remédier aux difficultés en mathématiques

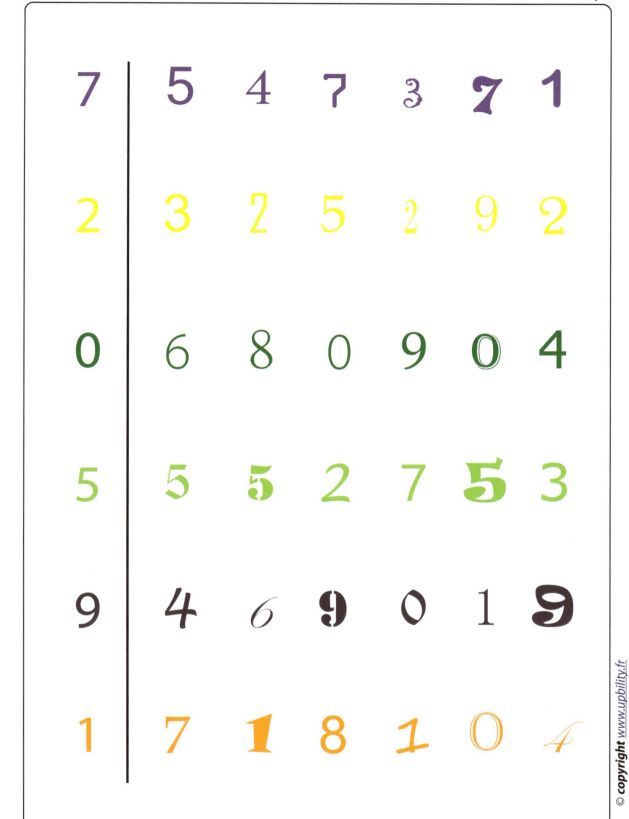

 Cette activité aide l'enfant à se familiariser avec les nombres et à comprendre qu'ils peuvent s'écrire de plusieurs manières différentes.

Remédier aux difficultés en mathématiques

12	**21**	12	13	12	**18**
15	12	*15*	51	15	**19**
17	**17**	77	14	71	**17**
19	18	19	91	99	*19*
13	**13**	13	33	31	18
16	19	61	16	16	*16*

 Cette activité aide l'enfant à se familiariser avec les nombres et à comprendre qu'ils peuvent s'écrire de plusieurs manières différentes.

ÉCRITURE SELON UN MODÈLE
Écris les nombres jusqu'à 10.

→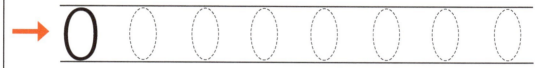

→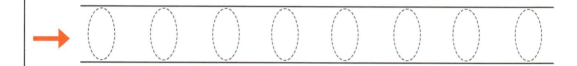

→

→

→

 Cette activité aide l'enfant qui éprouve des difficultés à se rappeler les chiffres ou leur orientation correcte.

ÉCRITURE SELON UN MODÈLE

Écris les nombres jusqu'à 10.

 Cette activité aide l'enfant qui éprouve des difficultés à se rappeler les chiffres ou leur orientation correcte.

ÉCRITURE SELON UN MODÈLE

Écris les nombres jusqu'à 10.

→ 2

→

→

→

→

 Cette activité aide l'enfant qui éprouve des difficultés à se rappeler les chiffres ou leur orientation correcte.

Remédier aux difficultés en mathématiques

ÉCRITURE SELON UN MODÈLE
Écris les nombres jusqu'à 10.

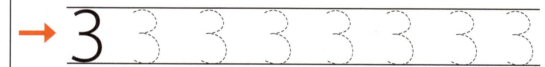

Cette activité aide l'enfant qui éprouve des difficultés à se rappeler les chiffres ou leur orientation correcte.

ÉCRITURE SELON UN MODÈLE

Écris les nombres jusqu'à 10.

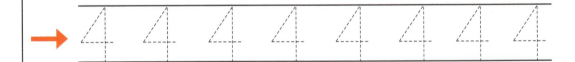

 Cette activité aide l'enfant qui éprouve des difficultés à se rappeler les chiffres ou leur orientation correcte.

ÉCRITURE SELON UN MODÈLE

Écris les nombres jusqu'à 10.

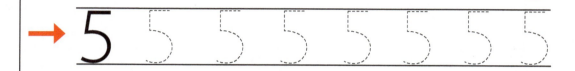

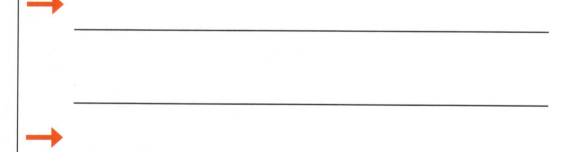

 Cette activité aide l'enfant qui éprouve des difficultés à se rappeler les chiffres ou leur orientation correcte.

Remédier aux difficultés en mathématiques

ÉCRITURE SELON UN MODÈLE
Écris les nombres jusqu'à 10.

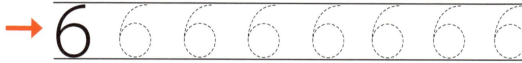

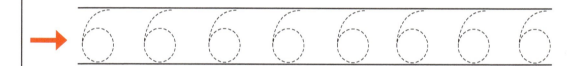

 Cette activité aide l'enfant qui éprouve des difficultés à se rappeler les chiffres ou leur orientation correcte.

ÉCRITURE SELON UN MODÈLE

Écris les nombres jusqu'à 10.

→ 7 7 7 7 7 7 7

→ 7 7 7 7 7 7

→

→

→

Cette activité aide l'enfant qui éprouve des difficultés à se rappeler les chiffres ou leur orientation correcte.

Remédier aux difficultés en mathématiques

ÉCRITURE SELON UN MODÈLE
Écris les nombres jusqu'à 10.

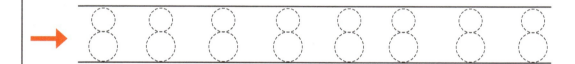

 Cette activité aide l'enfant qui éprouve des difficultés à se rappeler les chiffres ou leur orientation correcte.

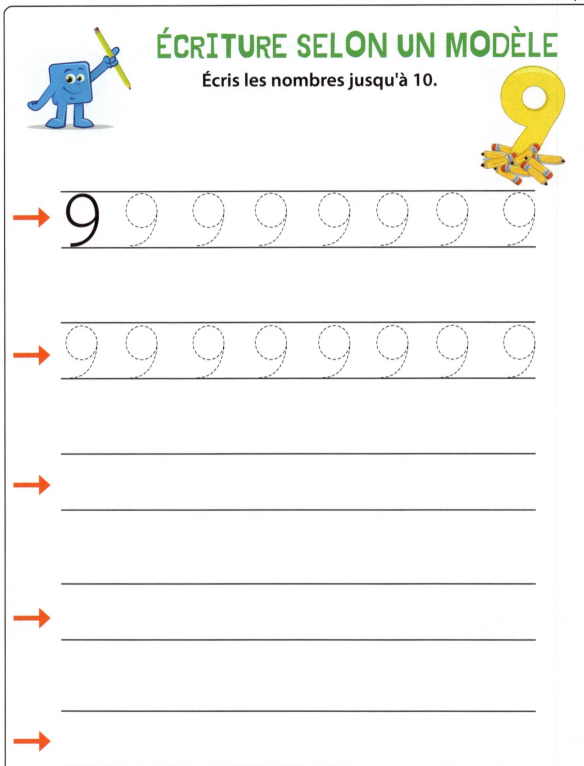

ÉCRITURE SELON UN MODÈLE

Écris les nombres jusqu'à 10.

 Cette activité aide l'enfant qui éprouve des difficultés à se rappeler les chiffres ou leur orientation correcte.

ÉCRITURE SELON UN MODÈLE
Écris les nombres jusqu'à 10.

→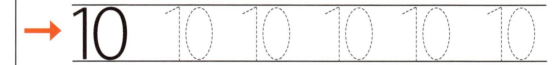

→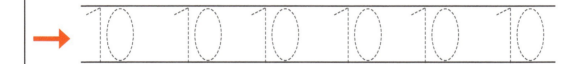

→

→

→

 Cette activité aide l'enfant qui éprouve des difficultés à se rappeler les chiffres ou leur orientation correcte.

Remédier aux difficultés en mathématiques

 Compte et relie chaque image au nombre adéquat.

 6

 5

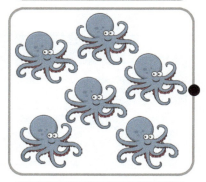

 4

 2

 Cet exercice a pour objectif l'acquisition de la capacité à compter des objets.

Remédier aux difficultés en mathématiques

 Compte et relie chaque image au nombre adéquat.

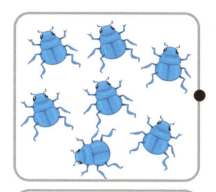

 Cet exercice a pour objectif l'acquisition de la capacité à compter des objets.

Rémédier aux difficultés en mathématiques

Compte et relie chaque image au nombre adéquat.

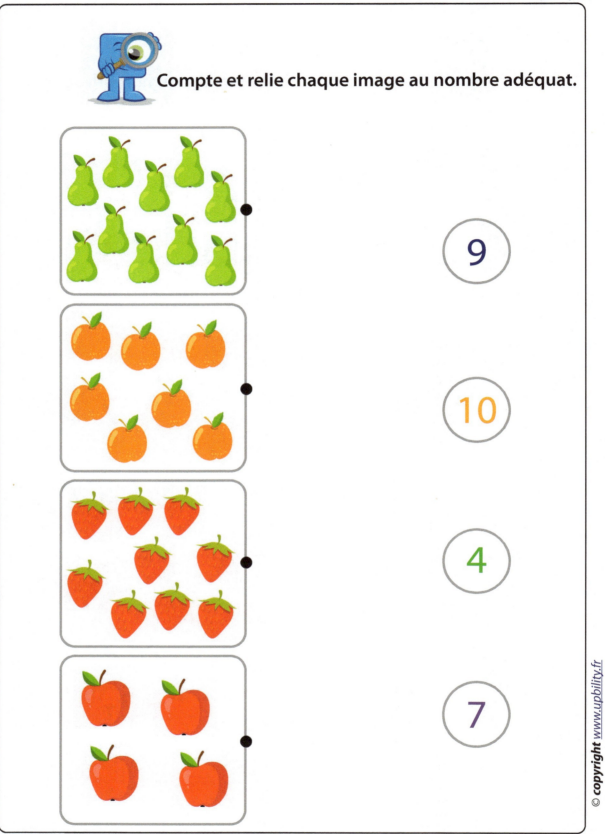

Cet exercice a pour objectif l'acquisition de la capacité à compter des objets.

Remédier aux difficultés en mathématiques

 Compte et relie chaque image au nombre adéquat.

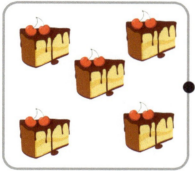

 Cet exercice a pour objectif l'acquisition de la capacité à compter des objets.

Remédier aux difficultés en mathématiques

 Compte et relie chaque image au nombre adéquat.

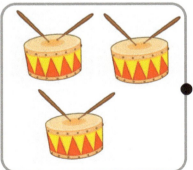

 3

 8

 6

 5

 Cet exercice a pour objectif l'acquisition de la capacité à compter des objets.

Remédier aux difficultés en mathématiques

Compte et écris le nombre.

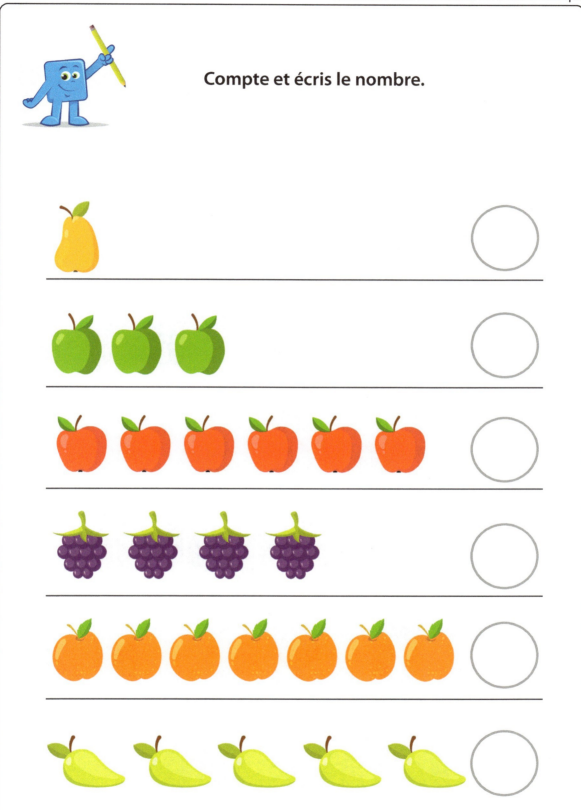

 Cette activité exerce l'enfant aux capacités apprises dans les pages précédentes.

Rémédier aux difficultés en mathématiques

Compte et écris le nombre.

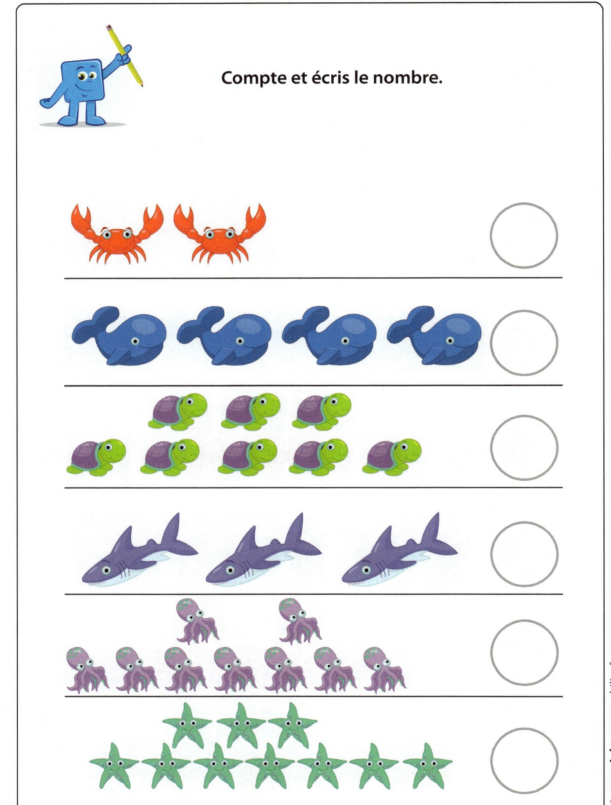

Cette activité exerce l'enfant aux capacités apprises dans les pages précédentes.

Remédier aux difficultés en mathématiques

Compte et écris le nombre.

 Cette activité exerce l'enfant aux capacités apprises dans les pages précédentes.

Compte et écris le nombre.

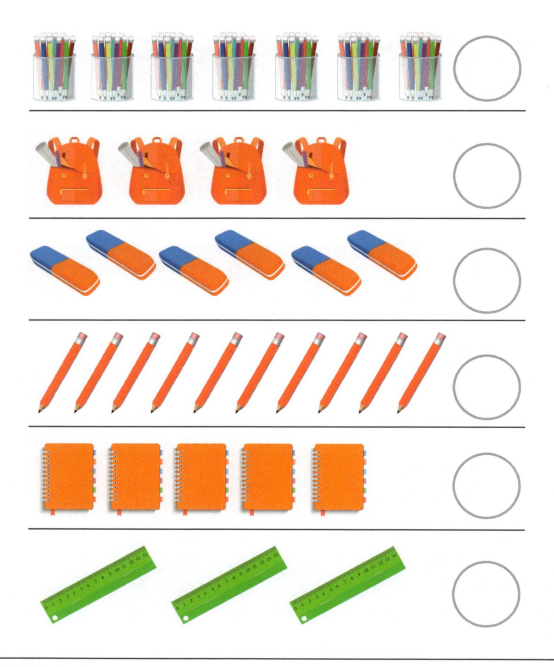

Cette activité exerce l'enfant aux capacités apprises dans les pages précédentes.

Remédier aux difficultés en mathématiques

Compte et écris le nombre.

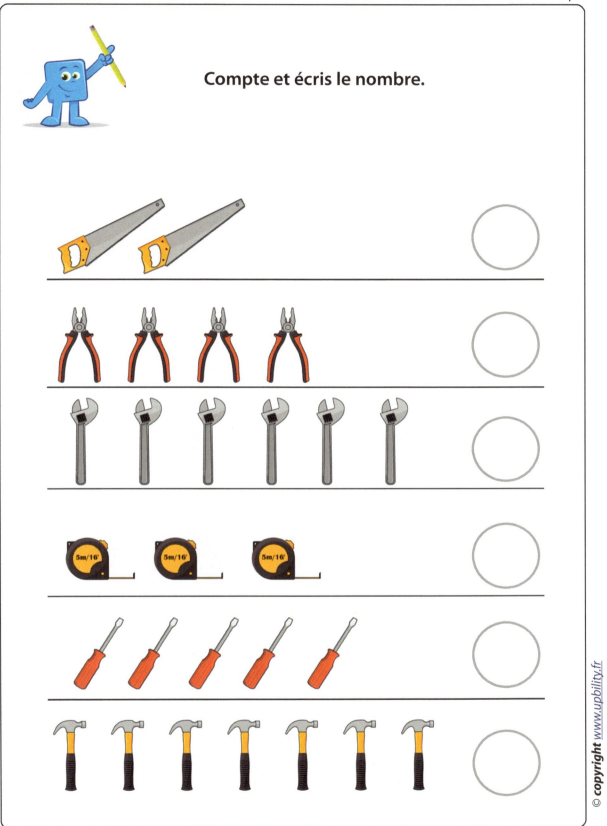

Cette activité exerce l'enfant aux capacités apprises dans les pages précédentes.

Compte et écris le nombre.

Cette activité exerce l'enfant aux capacités apprises dans les pages précédentes.

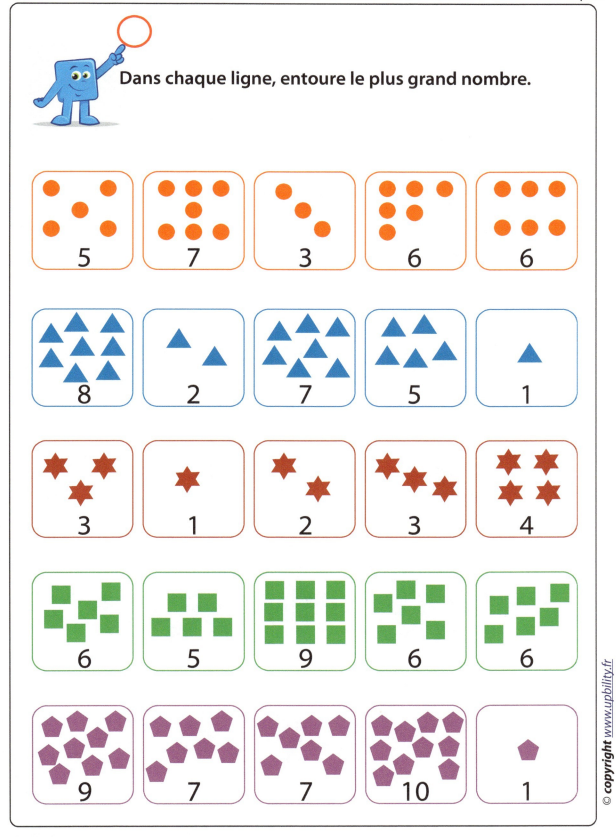

Remédier aux difficultés en mathématiques

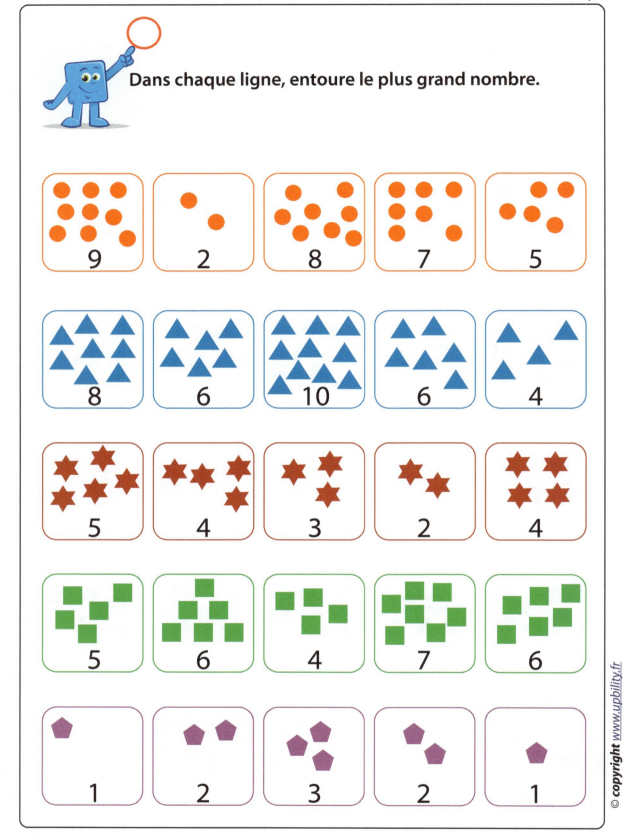

Dans chaque ligne, entoure le plus grand nombre.

 Dans cette activité, l'enfant associe les quantités et la notion de « plus grand » aux nombres, notion plus abstraite.

Rémédier aux difficultés en mathématiques

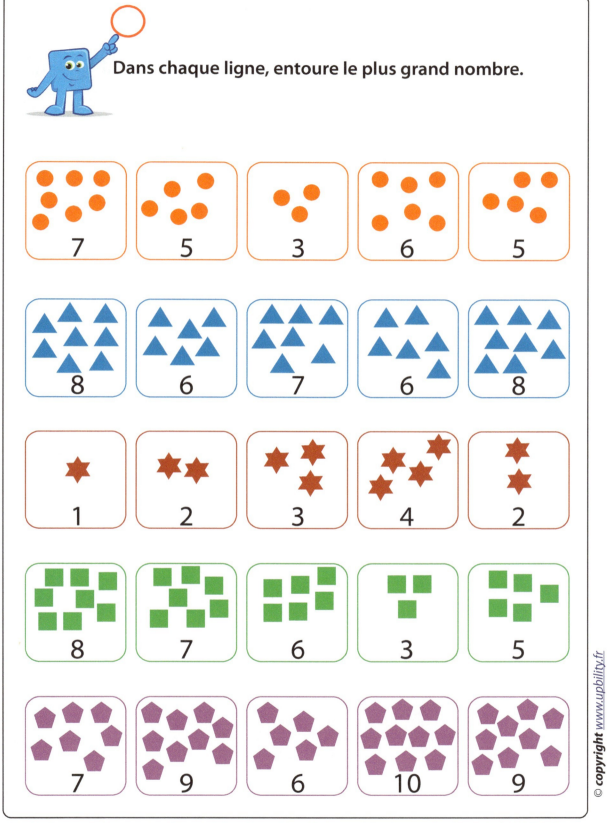

Dans chaque ligne, entoure le plus grand nombre.

 Dans cette activité, l'enfant associe les quantités et la notion de « plus grand » aux nombres, notion plus abstraite.

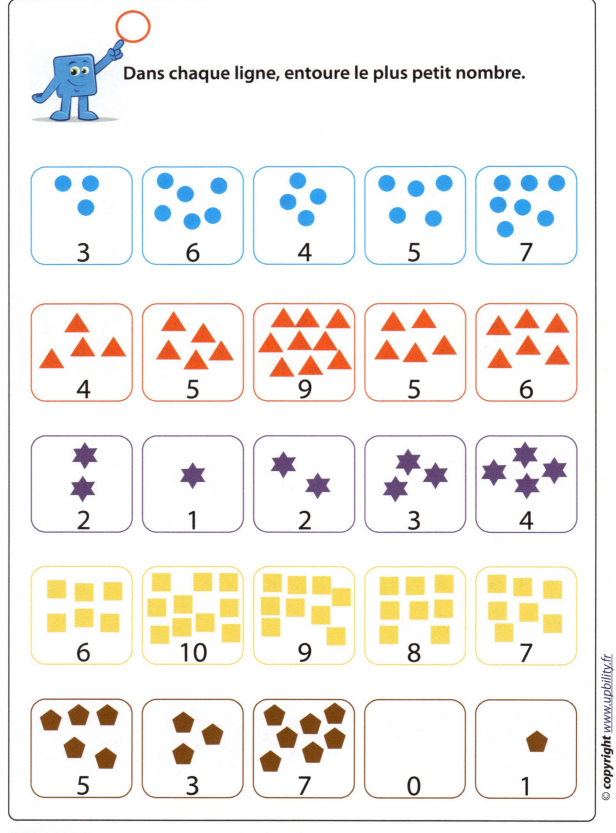

Rémédier aux difficultés en mathématiques

Dans chaque ligne, entoure le plus petit nombre.

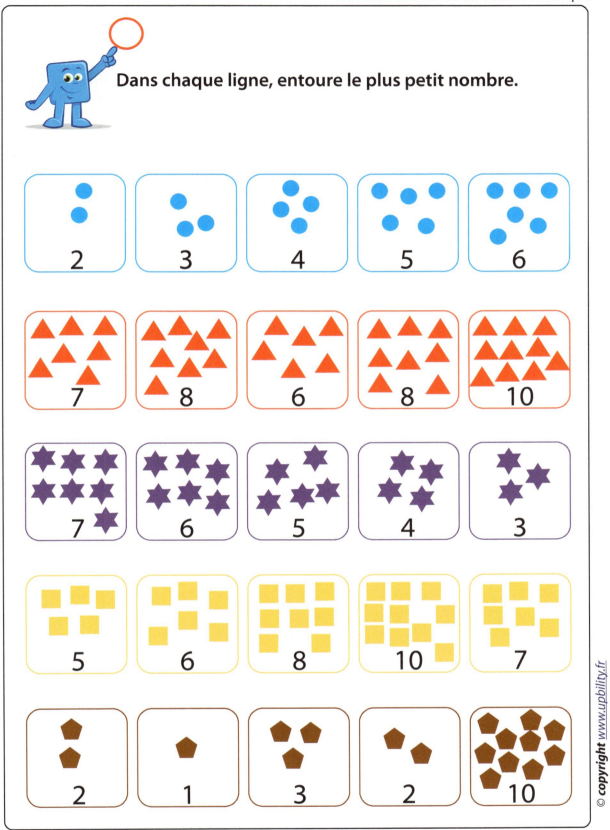

Dans cette activité, l'enfant associe les quantités et la notion de « plus petit » aux nombres, notion plus abstraite.

Remédier aux difficultés en mathématiques

Dans chaque ligne, entoure le plus petit nombre.

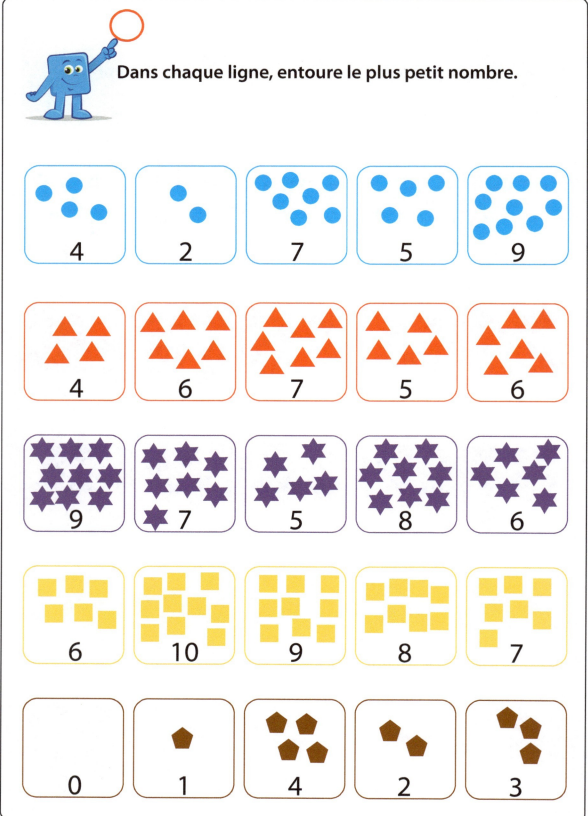

Dans cette activité, l'enfant associe les quantités et la notion de « plus petit » aux nombres, notion plus abstraite.

LABYRINTHES

Aide le chien à trouver son os. Pour cela, va de 0 à 10 en ajoutant 1 à chaque fois.

0	1	2	0	4	5	3
1	4	3	9	3	6	1
1	3	4	5	6	7	7
3	2	3	6	3	8	9
4	1	3	2	9	5	10

 Cette activité amusante entraîne l'enfant à compter de 0 à 10 et de 10 à 0.

LABYRINTHES

Aide le lièvre à atteindre la carotte. Pour cela, va de 10 à 0 en enlevant 1 à chaque fois.

10	7	3	0	7	5	4
9	8	5	9	3	6	1
1	7	6	5	8	4	7
3	2	3	4	3	4	5
8	1	5	7	2	1	0

Cette activité amusante entraîne l'enfant à compter de 0 à 10 et de 10 à 0.

Remédier aux difficultés en mathématiques

ÉCRITURE SELON UN MODÈLE
Écris les nombres jusqu'à 20.

Cette activité aide l'enfant qui éprouve des difficultés à se rappeler les chiffres ou leur orientation correcte.

Remédier aux difficultés en mathématiques

ÉCRITURE SELON UN MODÈLE

Écris les nombres jusqu'à 20.

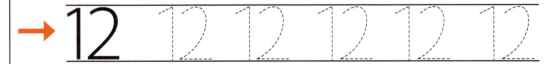

→

→

→

 Cette activité aide l'enfant qui éprouve des difficultés à se rappeler les chiffres ou leur orientation correcte.

Remédier aux difficultés en mathématiques

ÉCRITURE SELON UN MODÈLE

Écris les nombres jusqu'à 20.

→

→

→

Cette activité aide l'enfant qui éprouve des difficultés à se rappeler les chiffres ou leur orientation correcte.

ÉCRITURE SELON UN MODÈLE

Écris les nombres jusqu'à 20.

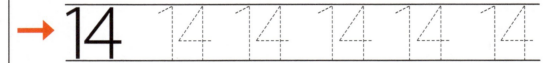

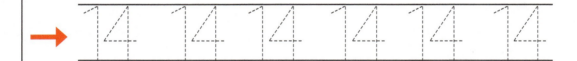

→

→

→

Cette activité aide l'enfant qui éprouve des difficultés à se rappeler les chiffres ou leur orientation correcte.

ÉCRITURE SELON UN MODÈLE

Écris les nombres jusqu'à 20.

→ 15 15 15 15 15 15 15

→ 15 15 15 15 15 15

→ _____

→ _____

→ _____

Cette activité aide l'enfant qui éprouve des difficultés à se rappeler les chiffres ou leur orientation correcte.

ÉCRITURE SELON UN MODÈLE

Écris les nombres jusqu'à 20.

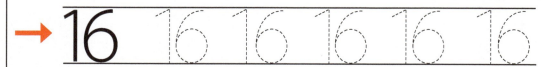

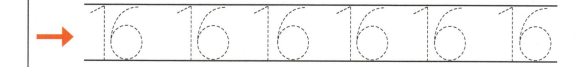

→

→

→

Cette activité aide l'enfant qui éprouve des difficultés à se rappeler les chiffres ou leur orientation correcte.

ÉCRITURE SELON UN MODÈLE

Écris les nombres jusqu'à 20.

→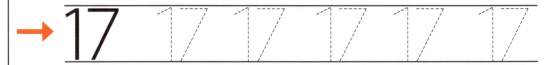

→

→

→

→

Cette activité aide l'enfant qui éprouve des difficultés à se rappeler les chiffres ou leur orientation correcte.

Remédier aux difficultés en mathématiques

ÉCRITURE SELON UN MODÈLE
Écris les nombres jusqu'à 20.

→ 18 18 18 18 18 18

→ 18 18 18 18 18 18

→ _____

→ _____

→ _____

Cette activité aide l'enfant qui éprouve des difficultés à se rappeler les chiffres ou leur orientation correcte.

ÉCRITURE SELON UN MODÈLE

Écris les nombres jusqu'à 20.

→ 19 19 19 19 19 19 19

→ 19 19 19 19 19 19 19

→

→

→

Cette activité aide l'enfant qui éprouve des difficultés à se rappeler les chiffres ou leur orientation correcte.

ÉCRITURE SELON UN MODÈLE

Écris les nombres jusqu'à 20.

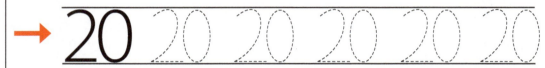

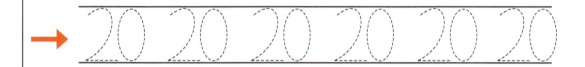

 Cette activité aide l'enfant qui éprouve des difficultés à se rappeler les chiffres ou leur orientation correcte.

Compte et relie chaque image au nombre adéquat.

 • 12

 9

 20

 17

 Cet exercice a pour objectif l'acquisition de la capacité à compter des objets.

Remédier aux difficultés en mathématiques

Compte et relie chaque image au nombre adéquat.

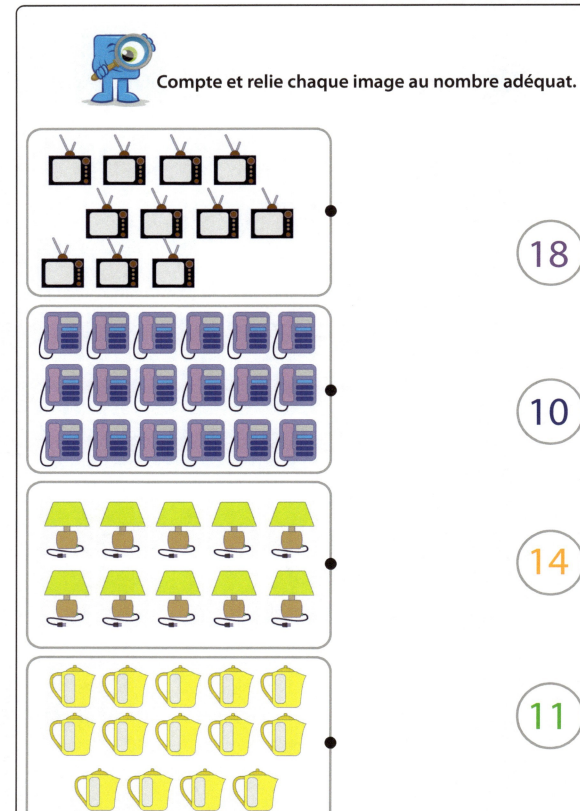

Cet exercice a pour objectif l'acquisition de la capacité à compter des objets.

Remédier aux difficultés en mathématiques

 Compte et relie chaque image au nombre adéquat.

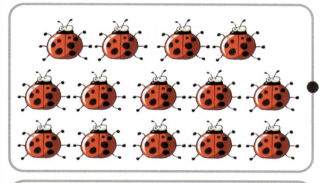

 18

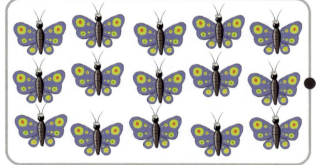

 15

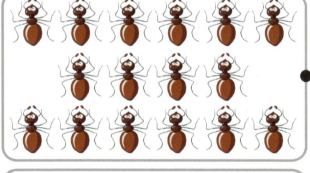

 14

 16

 Cet exercice a pour objectif l'acquisition de la capacité à compter des objets.

Remédier aux difficultés en mathématiques

 Compte et relie chaque image au nombre adéquat.

 12

 10

 19

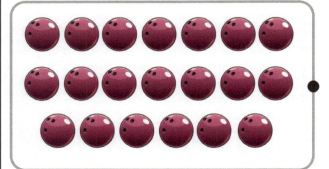

 20

 Cet exercice a pour objectif l'acquisition de la capacité à compter des objets.

Remédier aux difficultés en mathématiques

Compte et relie chaque image au nombre adéquat.

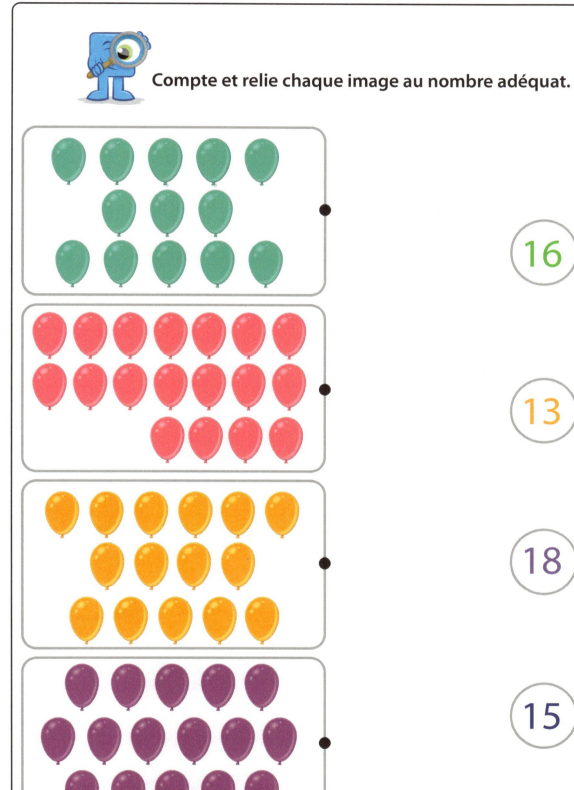

Cet exercice a pour objectif l'acquisition de la capacité à compter des objets.

Rémédier aux difficultés en mathématiques

Compte et écris le nombre.

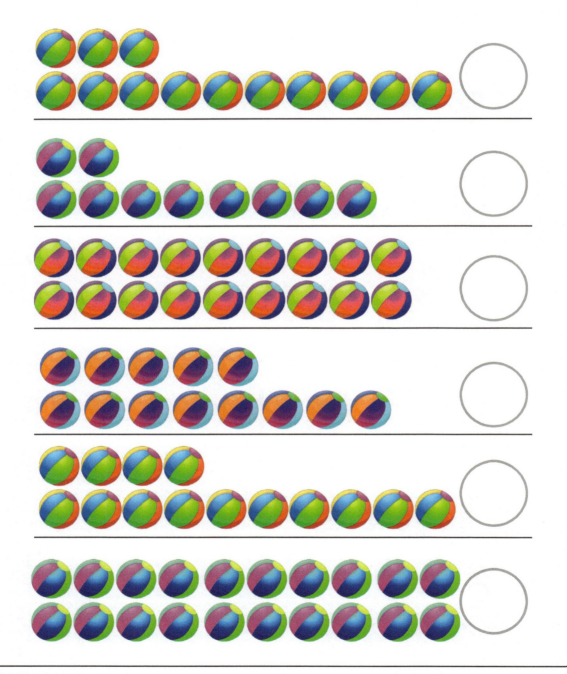

Cette activité exerce l'enfant aux capacités apprises dans les pages précédentes.

Compte et écris le nombre.

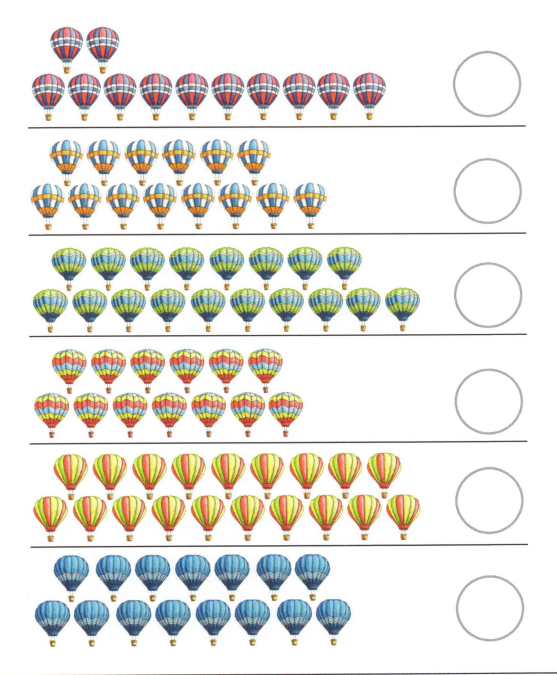

Cette activité exerce l'enfant aux capacités apprises dans les pages précédentes.

Compte et écris le nombre.

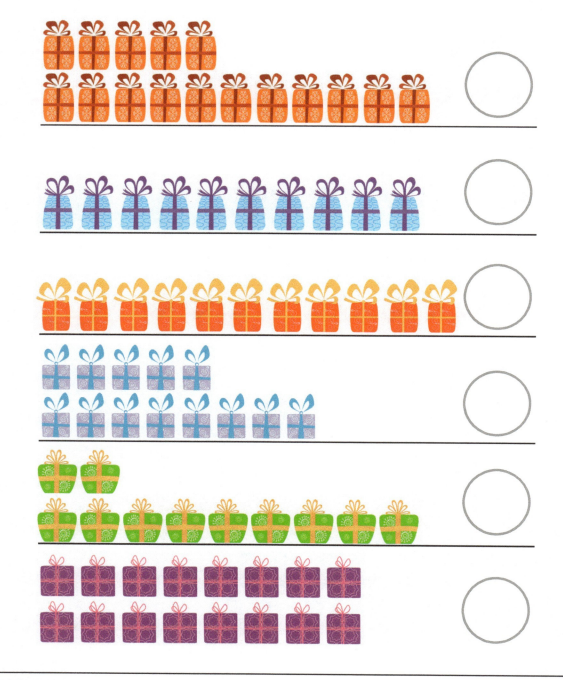

 Cette activité exerce l'enfant aux capacités apprises dans les pages précédentes.

Remédier aux difficultés en mathématiques

Compte et écris le nombre.

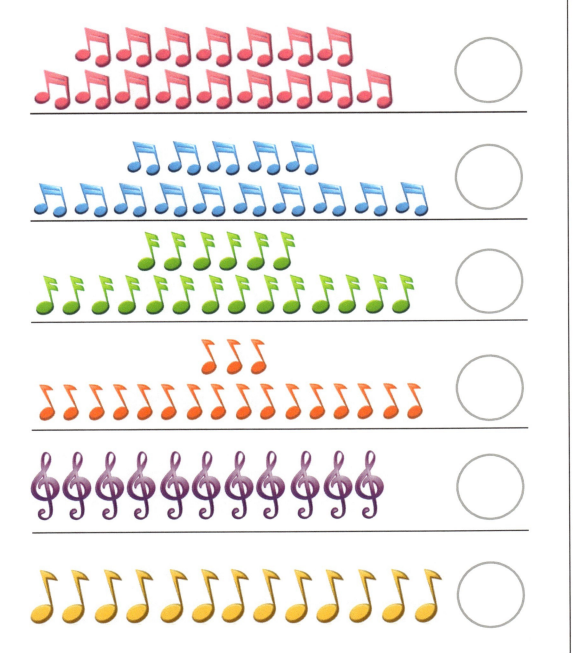

 Cette activité exerce l'enfant aux capacités apprises dans les pages précédentes.

Remédier aux difficultés en mathématiques

Compte et écris le nombre.

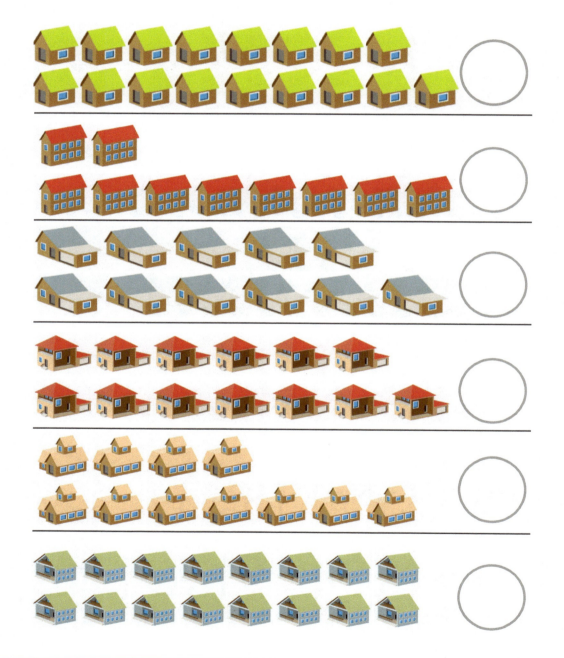

Cette activité exerce l'enfant aux capacités apprises dans les pages précédentes.

Remédier aux difficultés en mathématiques

Compte et écris le nombre.

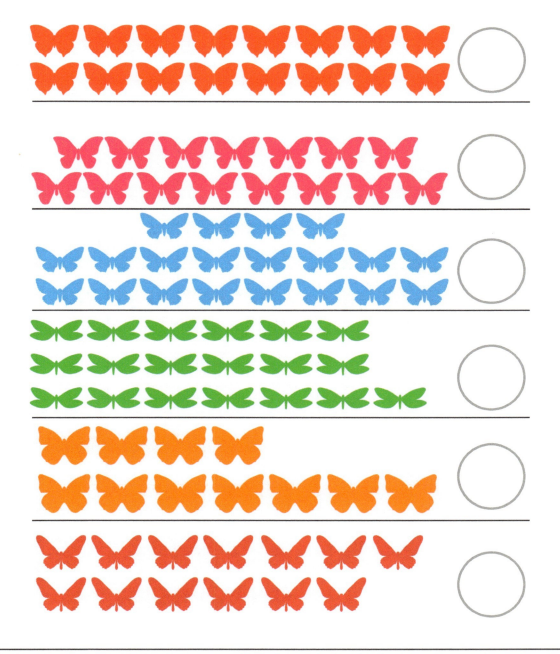

Cette activité exerce l'enfant aux capacités apprises dans les pages précédentes.

LABYRINTHES

Aide le zèbre à atteindre l'arbre. Pour cela, va de 10 à 20 en ajoutant 1 à chaque fois.

10	11	12	10	17	12	19
15	12	15	17	20	18	13
14	13	14	15	19	16	12
18	12	13	16	11	10	15
13	15	16	17	18	19	20

 Cette activité amusante entraîne l'enfant à compter de 10 à 20 et de 20 à 10.

LABYRINTHES

Aide l'abeille à rejoindre sa fleur. Pour cela, va de 20 à 10 en enlevant 1 à chaque fois.

20	19	16	16	13	20	19
19	18	15	12	10	15	11
13	17	16	15	19	16	12
15	17	18	14	13	12	11
12	19	15	12	11	16	10

 Cette activité amusante entraîne l'enfant à compter de 10 à 20 et de 20 à 10.

LE NOMBRE PRÉCÉDENT ET LE NOMBRE SUIVANT

Pour chaque nombre que tu vois, écris celui qui le précède et celui qui le suit.

| | 9 | | | 10 | | | 6 | |

| | 1 | | | 5 | | | 3 | |

| | 12 | | | 15 | | | 19 | |

| | 18 | | | 17 | | | 8 | |

| | 11 | | | 2 | | | 16 | |

Cette activité entraîne l'enfant à des compétences dont il aura besoin pour l'addition et la soustraction.

LE NOMBRE PRÉCÉDENT ET LE NOMBRE SUIVANT

Pour chaque nombre que tu vois, écris celui qui le précède et celui qui le suit.

| | 7 | | | | 12 | | | | 14 | |

| | 13 | | | | 4 | | | | 9 | |

| | 12 | | | | 5 | | | | 18 | |

| | 19 | | | | 7 | | | | 8 | |

| | 10 | | | | 1 | | | | 6 | |

 Cette activité entraîne l'enfant à des compétences dont il aura besoin pour l'addition et la soustraction.

CLASSEMENT DE NOMBRES

Classe les nombres dans l'ordre, du plus petit au plus grand.

9 6 1 7	→	☐ ☐ ☐ ☐
2 12 9 17	→	☐ ☐ ☐ ☐
11 13 19 16	→	☐ ☐ ☐ ☐
17 7 12 10	→	☐ ☐ ☐ ☐
13 11 20 12	→	☐ ☐ ☐ ☐

Cette activité apprend à l'enfant à classer les nombres.

CLASSEMENT DE NOMBRES

Classe les nombres dans l'ordre, du plus petit au plus grand.

19 14 10 9	→	⬜ ⬜ ⬜ ⬜
8 2 15 13	→	⬜ ⬜ ⬜ ⬜
12 16 1 6	→	⬜ ⬜ ⬜ ⬜
15 9 14 10	→	⬜ ⬜ ⬜ ⬜
17 20 16 2	→	⬜ ⬜ ⬜ ⬜

Cette activité apprend à l'enfant à classer les nombres.

CLASSEMENT DE NOMBRES

Classe les nombres dans l'ordre, du plus grand au plus petit.

15	7	3	9	→				
10	2	8	17	→				
12	14	9	18	→				
7	17	13	1	→				
19	11	15	3	→				

 Cette activité apprend à l'enfant à classer les nombres.

CLASSEMENT DE NOMBRES

Classe les nombres dans l'ordre, du plus grand au plus petit.

10 15 11 20 →	...	...	...	...
14 9 8 3 →	...	...	...	...
1 20 15 13 →	...	...	...	...
11 9 8 14 →	...	...	...	...
7 20 18 13 →	...	...	...	...

Cette activité apprend à l'enfant à classer les nombres.

LES ESCALIERS

Complète les escaliers en ajoutant 1 à chaque marche.

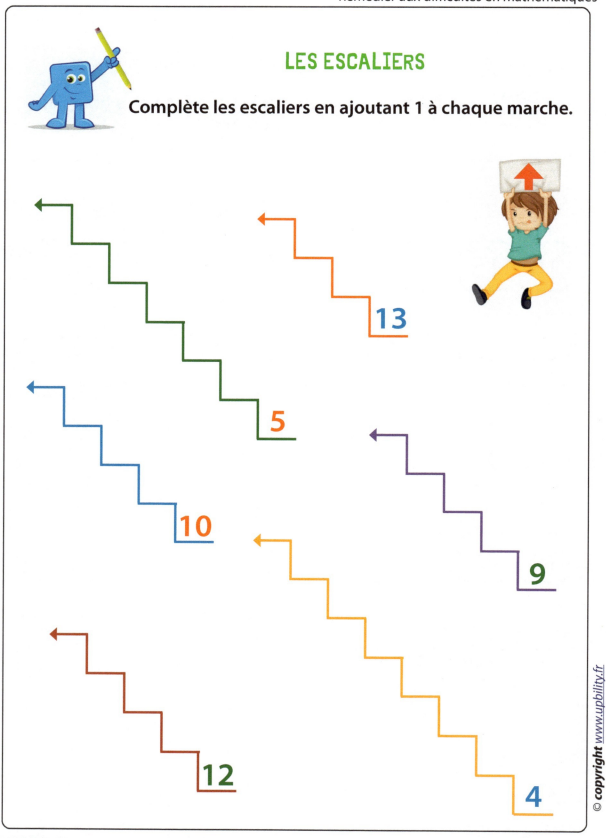

 Avec les escaliers, l'enfant visualise l'ordre des nombres. Il s'entraîne à compter dans les ordres croissant et décroissant, à partir de n'importe quel nombre. Cette capacité est nécessaire pour comprendre l'addition et la soustraction.

Remédier aux difficultés en mathématiques

LES ESCALIERS

Complète les escaliers en ajoutant 2 à chaque marche.

Avec les escaliers, l'enfant visualise l'ordre des nombres. Il s'entraîne à compter dans les ordres croissant et décroissant, à partir de n'importe quel nombre. Cette capacité est nécessaire pour comprendre l'addition et la soustraction.

LES ESCALIERS

Complète les escaliers en enlevant 1 à chaque marche.

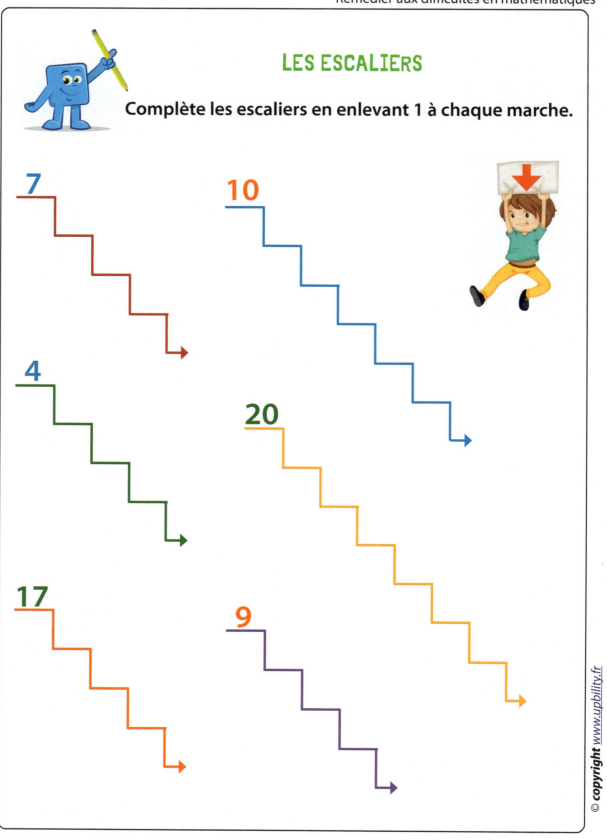

Avec les escaliers, l'enfant visualise l'ordre des nombres. Il s'entraîne à compter dans les ordres croissant et décroissant, à partir de n'importe quel nombre. Cette capacité est nécessaire pour comprendre l'addition et la soustraction.

LES ESCALIERS

Complète les escaliers en enlevant 2 à chaque marche.

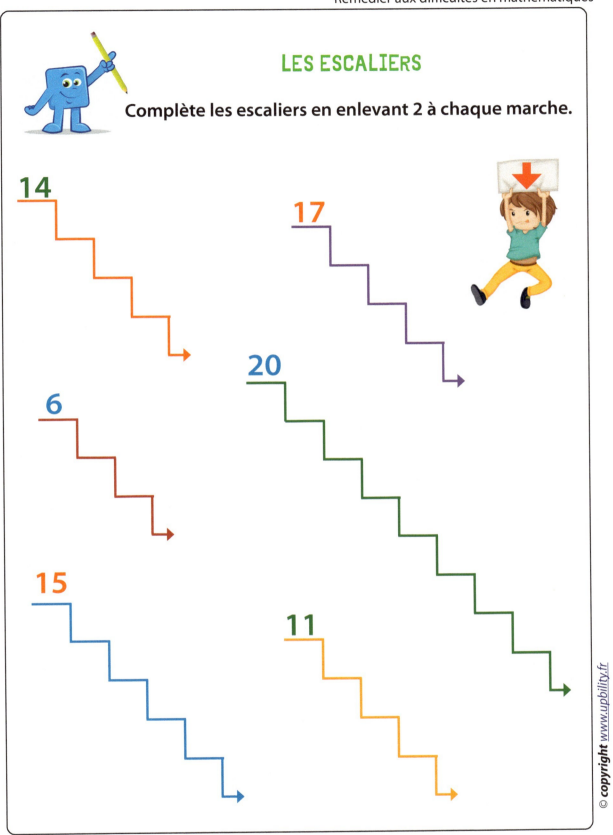

Avec les escaliers, l'enfant visualise l'ordre des nombres. Il s'entraîne à compter dans les ordres croissant et décroissant, à partir de n'importe quel nombre. Cette capacité est nécessaire pour comprendre l'addition et la soustraction.

LES DOMINOS

Sur le plateau suivant, place le domino qui correspond à chaque nombre.

5	9	10
3	13	4
6	2	7
12	8	11

 Cet exercice constitue un moyen amusant d'introduire la notion de somme.

DOMINOS À DÉCOUPER

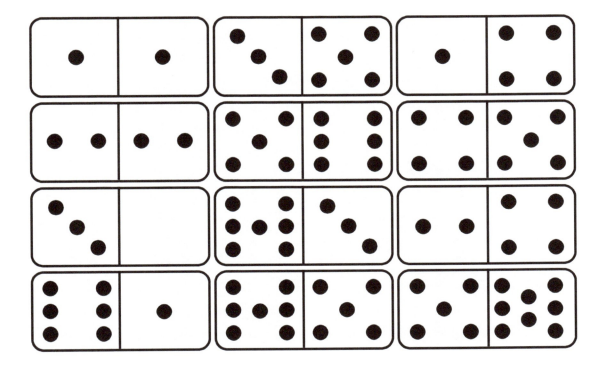

Remédier aux difficultés en mathématiques

L'ADDITION NIVEAU 1

Compte et écris combien font les additions suivantes.

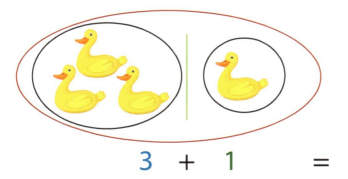

$$\underline{3} + \underline{1} = \underline{4}$$

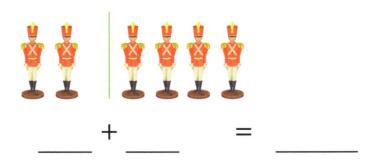

$$\underline{} + \underline{} = \underline{}$$

$$\underline{} + \underline{} = \underline{}$$

 Entourez et écrivez dans des couleurs différentes les différents éléments de l'addition (les termes et la somme), pour aider l'enfant à comprendre la notion d'addition.

L'ADDITION NIVEAU 1

Compte et écris combien font les additions suivantes.

___ + ___ = _____

___ + ___ = _____

___ + ___ = _____

Entourez et écrivez dans des couleurs différentes les différents éléments de l'addition (les termes et la somme), pour aider l'enfant à comprendre la notion d'addition.

Remédier aux difficultés en mathématiques

L'ADDITION NIVEAU 1

Compte et écris combien font les additions suivantes.

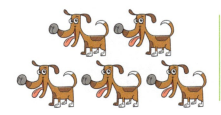

____ + ____ = _____

____ + ____ = _____

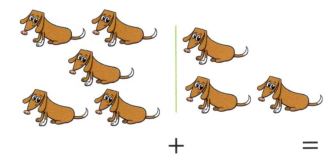

____ + ____ = _____

 Entourez et écrivez dans des couleurs différentes les différents éléments de l'addition (les termes et la somme), pour aider l'enfant à comprendre la notion d'addition.

Remédier aux difficultés en mathématiques

L'ADDITION NIVEAU 1

Compte et écris combien font les additions suivantes.

___ + ___ = _____

___ + ___ = _____

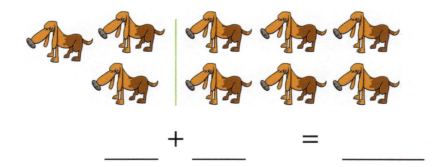

___ + ___ = _____

Entourez et écrivez dans des couleurs différentes les différents éléments de l'addition (les termes et la somme), pour aider l'enfant à comprendre la notion d'addition.

L'ADDITION NIVEAU 1

Compte et écris combien font les additions suivantes.

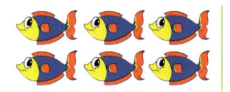

___ + ___ = _____

___ + ___ = _____

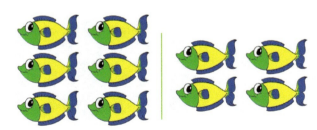

___ + ___ = _____

Entourez et écrivez dans des couleurs différentes les différents éléments de l'addition (les termes et la somme), pour aider l'enfant à comprendre la notion d'addition.

L'ADDITION NIVEAU 1

Compte et écris combien font les additions suivantes.

____ + ____ = ____

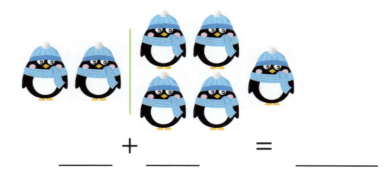

____ + ____ = ____

____ + ____ = ____

Entourez et écrivez dans des couleurs différentes les différents éléments de l'addition (les termes et la somme), pour aider l'enfant à comprendre la notion d'addition.

Remédier aux difficultés en mathématiques

L'ADDITION NIVEAU 1

Compte et écris combien font les additions suivantes.

___ + ___ = _____

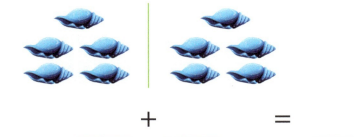

___ + ___ = _____

___ + ___ = _____

 Entourez et écrivez dans des couleurs différentes les différents éléments de l'addition (les termes et la somme), pour aider l'enfant à comprendre la notion d'addition.

Remédier aux difficultés en mathématiques

L'ADDITION NIVEAU 1

Compte et écris combien font les additions suivantes.

___ + ___ = ___

___ + ___ = ___

___ + ___ = ___

 Entourez et écrivez dans des couleurs différentes les différents éléments de l'addition (les termes et la somme), pour aider l'enfant à comprendre la notion d'addition.

L'ADDITION NIVEAU 2

Compte et écris combien font les additions suivantes.

3 + 🧩 = ___

5 + 🧩🧩 = ___

4 + 🧩🧩🧩 = ___

1 + 🧩 = ___

✎ À ce niveau, l'enfant passe du stade du comptage à celui du comptage partiel (il garde en mémoire un terme et continue le calcul en comptant les objets qui représentent le deuxième terme).

Remédier aux difficultés en mathématiques

L'ADDITION NIVEAU 2

Compte et écris combien font les additions suivantes.

3 + 🨙🨙🨙 = ____

6 + 🨞🨞🨞🨞 = ____

4 + 🨖🨖🨖🨖🨖 = ____

3 + 🨛🨛🨛🨛🨛🨛 = ____

 À ce niveau, l'enfant passe du stade du comptage à celui du comptage partiel (il garde en mémoire un terme et continue le calcul en comptant les objets qui représentent le deuxième terme).

L'ADDITION NIVEAU 2

Compte et écris combien font les additions suivantes.

7 + 🟧🟧 = ____

6 + 🟦🟦 = ____

2 + 🟪🟪🟪🟪 = ____

4 + 🟩🟩🟩🟩 = ____

À ce niveau, l'enfant passe du stade du comptage à celui du comptage partiel (il garde en mémoire un terme et continue le calcul en comptant les objets qui représentent le deuxième terme).

L'ADDITION NIVEAU 2

Compte et écris combien font les additions suivantes.

3 + 🧢🧢🧢🧢🧢🧢🧢 = ____

8 + 🎩🎩 = ____

2 + 👒👒👒👒👒 = ____

5 + 👒👒👒👒👒 = ____

 À ce niveau, l'enfant passe du stade du comptage à celui du comptage partiel (il garde en mémoire un terme et continue le calcul en comptant les objets qui représentent le deuxième terme).

Remédier aux difficultés en mathématiques

L'ADDITION NIVEAU 2

Compte et écris combien font les additions suivantes.

9 + 🚩 = ___

1 + 🚩🚩🚩🚩 = ___

1 + 🚩🚩🚩🚩🚩🚩🚩🚩🚩 = ___

7 + 🚩🚩 = ___

📝 À ce niveau, l'enfant passe du stade du comptage à celui du comptage partiel (il garde en mémoire un terme et continue le calcul en comptant les objets qui représentent le deuxième terme).

Remédier aux difficultés en mathématiques

L'ADDITION NIVEAU 2

Compte et écris combien font les additions suivantes.

6 + 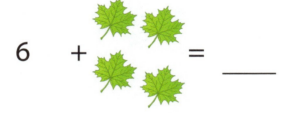 = ___

4 + = ___

2 + = ___

2 + = ___

 À ce niveau, l'enfant passe du stade du comptage à celui du comptage partiel (il garde en mémoire un terme et continue le calcul en comptant les objets qui représentent le deuxième terme).

Remédier aux difficultés en mathématiques

LES AJOUTS

Dessine le nombre de points qu'il faut pour atteindre le total indiqué.

3 + ●● = 5

2 + ☐ = 7

5 + ☐ = 8

1 + ☐ = 6

2 + ☐ = 7

6 + ☐ = 10

 À ce niveau, l'enfant passe du stade du comptage à celui du comptage partiel (il garde en mémoire un terme et continue le calcul en comptant les objets qui représentent le deuxième terme).

Remédier aux difficultés en mathématiques

LES AJOUTS

Dessine le nombre de points qu'il faut pour atteindre le total indiqué.

2 + ☐ = 9

7 + ☐ = 8

1 + ☐ = 3

7 + ☐ = 10

5 + ☐ = 10

2 + ☐ = 5

 À ce niveau, l'enfant passe du stade du comptage à celui du comptage partiel (il garde en mémoire un terme et continue le calcul en comptant les objets qui représentent le deuxième terme).

LES AJOUTS

Dessine le nombre de points qu'il faut pour atteindre le total indiqué.

3 + ☐ = 4

4 + ☐ = 8

5 + ☐ = 9

3 + ☐ = 6

6 + ☐ = 9

2 + ☐ = 4

 À ce niveau, l'enfant passe du stade du comptage à celui du comptage partiel (il garde en mémoire un terme et continue le calcul en comptant les objets qui représentent le deuxième terme).

L'ADDITION NIVEAU 3

Résous les additions le plus vite possible.

0 + 1 = ☐	3 + 2 = ☐	2 + 2 = ☐
2 + 5 = ☐	7 + 2 = ☐	1 + 4 = ☐
2 + 1 = ☐	2 + 6 = ☐	2 + 4 = ☐
6 + 1 = ☐	0 + 9 = ☐	0 + 5 = ☐
8 + 1 = ☐	4 + 0 = ☐	3 + 4 = ☐
2 + 8 = ☐	0 + 3 = ☐	7 + 1 = ☐
9 + 1 = ☐	1 + 3 = ☐	4 + 4 = ☐
0 + 2 = ☐	5 + 3 = ☐	1 + 5 = ☐
10 + 0 = ☐	7 + 3 = ☐	3 + 5 = ☐
1 + 2 = ☐	0 + 4 = ☐	4 + 5 = ☐

 Cette activité permet à l'enfant de s'entraîner à ce qu'il a appris sur l'addition.
Si l'exercice lui semble difficile, il peut utiliser ses doigts ou une ligne numérique.

Remédier aux difficultés en mathématiques

0 + 6 = ☐	9 + 0 = ☐	4 + 3 = ☐
1 + 6 = ☐	1 + 1 = ☐	5 + 5 = ☐
4 + 6 = ☐	2 + 7 = ☐	6 + 3 = ☐
0 + 7 = ☐	6 + 2 = ☐	0 + 0 = ☐
1 + 7 = ☐	3 + 7 = ☐	5 + 1 = ☐
0 + 8 = ☐	2 + 0 = ☐	5 + 2 = ☐
1 + 9 = ☐	4 + 2 = ☐	6 + 4 = ☐
1 + 0 = ☐	5 + 4 = ☐	5 + 0 = ☐
3 + 0 = ☐	4 + 1 = ☐	3 + 1 = ☐
6 + 0 = ☐	1 + 8 = ☐	2 + 3 = ☐
8 + 0 = ☐	8 + 2 = ☐	3 + 6 = ☐

Cette activité permet à l'enfant de s'entraîner à ce qu'il a appris sur l'addition.
Si l'exercice lui semble difficile, il peut utiliser ses doigts ou une ligne numérique.

LA SOUSTRACTION NIVEAU 1

Compte et écris combien font les soustractions suivantes.

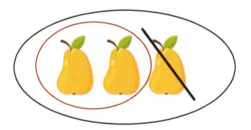

$\underline{\ 3\ } - \underline{\ 1\ } = \underline{\ 2\ }$

$\underline{\ \ \ } - \underline{\ \ \ } = \underline{\ \ \ }$

$\underline{\ \ \ } - \underline{\ \ \ } = \underline{\ \ \ }$

 Entourez et écrivez dans des couleurs différentes les différents éléments de la soustraction (les termes et la différence), pour aider l'enfant à comprendre la notion de soustraction.

LA SOUSTRACTION NIVEAU 1

Compte et écris combien font les soustractions suivantes.

___ - ___ = ___

___ - ___ = ___

___ - ___ = ___

___ - ___ = ___

 Entourez et écrivez dans des couleurs différentes les différents éléments de la soustraction (les termes et la différence), pour aider l'enfant à comprendre la notion de soustraction.

LA SOUSTRACTION NIVEAU 1

Compte et écris combien font les soustractions suivantes.

____ - ____ = ____

____ - ____ = ____

____ - ____ = ____

____ - ____ = ____

 Entourez et écrivez dans des couleurs différentes les différents éléments de la soustraction (les termes et la différence), pour aider l'enfant à comprendre la notion de soustraction.

LA SOUSTRACTION NIVEAU 1

Compte et écris combien font les soustractions suivantes.

____ - ____ = ____

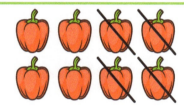

____ - ____ = ____

____ - ____ = ____

____ - ____ = ____

Entourez et écrivez dans des couleurs différentes les différents éléments de la soustraction (les termes et la différence), pour aider l'enfant à comprendre la notion de soustraction.

LA SOUSTRACTION NIVEAU 1

Compte et écris combien font les soustractions suivantes.

____ - ____ = ____

____ - ____ = ____

____ - ____ = ____

____ - ____ = ____

Entourez et écrivez dans des couleurs différentes les différents éléments de la soustraction (les termes et la différence), pour aider l'enfant à comprendre la notion de soustraction.

LA SOUSTRACTION NIVEAU 1

Compte et écris combien font les soustractions suivantes.

____ - ____ = ____

____ - ____ = ____

____ - ____ = ____

____ - ____ = ____

Entourez et écrivez dans des couleurs différentes les différents éléments de la soustraction (les termes et la différence), pour aider l'enfant à comprendre la notion de soustraction.

LA SOUSTRACTION NIVEAU 1

Compte et écris combien font les soustractions suivantes.

____ - ____ = ____

____ - ____ = ____

____ - ____ = ____

____ - ____ = ____

 Entourez et écrivez dans des couleurs différentes les différents éléments de la soustraction (les termes et la différence), pour aider l'enfant à comprendre la notion de soustraction.

LA SOUSTRACTION NIVEAU 1

Compte et écris combien font les soustractions suivantes.

_____ - _____ = _____

_____ - _____ = _____

_____ - _____ = _____

_____ - _____ = _____

 Entourez et écrivez dans des couleurs différentes les différents éléments de la soustraction (les termes et la différence), pour aider l'enfant à comprendre la notion de soustraction.

LA SOUSTRACTION NIVEAU 1

Compte et écris combien font les soustractions suivantes.

____ - ____ = ____

____ - ____ = ____

____ - ____ = ____

____ - ____ = ____

 Entourez et écrivez dans des couleurs différentes les différents éléments de la soustraction (les termes et la différence), pour aider l'enfant à comprendre la notion de soustraction.

LA SOUSTRACTION NIVEAU 2

Compte et écris combien font les soustractions suivantes.

3 - 🧩 = ___

5 - 🧩🧩 = ___

4 - 🧩🧩🧩 = ___

1 - 🧩 = ___

> Ici, l'enfant doit garder en mémoire le premier terme de la soustraction et à partir de là, décompter en regardant les petites images.

LA SOUSTRACTION NIVEAU 2

Compte et écris combien font les soustractions suivantes.

7 - [image] = ____

3 - [image] = ____

6 - [image] = ____

9 - [image] = ____

 Ici, l'enfant doit garder en mémoire le premier terme de la soustraction et à partir de là, décompter en regardant les petites images.

LA SOUSTRACTION NIVEAU 2

Compte et écris combien font les soustractions suivantes.

10 - 🟧🟧 = ____

3 - 🟦🟦🟦 = ____

8 - 🟪🟪🟪🟪 = ____

8 - 🟩🟩🟩🟩🟩🟩 = ____

 Ici, l'enfant doit garder en mémoire le premier terme de la soustraction et à partir de là, décompter en regardant les petites images.

LA SOUSTRACTION NIVEAU 2

Compte et écris combien font les soustractions suivantes.

5 - 🚩🚩🚩 = ___

4 - 🚩🚩🚩🚩 = ___

10 - 🚩🚩🚩🚩🚩🚩🚩🚩🚩🚩 = ___

8 - 🚩🚩🚩🚩🚩🚩🚩 = ___

 Ici, l'enfant doit garder en mémoire le premier terme de la soustraction et à partir de là, décompter en regardant les petites images.

Remédier aux difficultés en mathématiques

LA SOUSTRACTION NIVEAU 2

Compte et écris combien font les soustractions suivantes.

7 - 🧢🧢 = _____

8 - 🎩🎩🎩 = _____

7 - 👒👒👒👒 = _____

9 - 👒👒👒👒👒👒👒👒👒 = _____

 Ici, l'enfant doit garder en mémoire le premier terme de la soustraction et à partir de là, décompter en regardant les petites images.

LA SOUSTRACTION NIVEAU 2

Compte et écris combien font les soustractions suivantes.

5 - 🍄🍄🍄 = ____

7 - 🍄🍄🍄🍄 = ____

6 - 🍄🍄 = ____

9 - 🍄🍄🍄🍄 = ____

> Ici, l'enfant doit garder en mémoire le premier terme de la soustraction et à partir de là, décompter en regardant les petites images.

LA SOUSTRACTION NIVEAU 2

Compte et écris combien font les soustractions suivantes.

5 - 🍁🍁 = ____

10 - 🍃(9 feuilles) = ____

7 - 🍂🍂🍂 = ____

4 - 🍁 = ____

Ici, l'enfant doit garder en mémoire le premier terme de la soustraction et à partir de là, décompter en regardant les petites images.

LA SOUSTRACTION NIVEAU 3

Résous les soustractions le plus vite possible.

9 - 2 = ☐	5 - 1 = ☐	7 - 1 = ☐
1 - 1 = ☐	9 - 6 = ☐	10 - 2 = ☐
8 - 5 = ☐	8 - 1 = ☐	8 - 2 = ☐
3 - 1 = ☐	10 - 1 = ☐	5 - 3 = ☐
6 - 3 = ☐	3 - 2 = ☐	6 - 5 = ☐
4 - 1 = ☐	5 - 2 = ☐	7 - 3 = ☐
10 - 8 = ☐	7 - 2 = ☐	8 - 3 = ☐
6 - 4 = ☐	10 - 7 = ☐	7 - 4 = ☐
4 - 2 = ☐	2 - 2 = ☐	9 - 3 = ☐
10 - 3 = ☐	2 - 1 = ☐	6 - 2 = ☐

 Cette activité permet à l'enfant de s'entraîner à ce qu'il a appris sur la soustraction. Si l'exercice lui semble difficile, il peut utiliser ses doigts ou une ligne numérique.

LA SOUSTRACTION NIVEAU 3

Résous les soustractions le plus vite possible.

4 - 4 = ☐   7 - 5 = ☐   5 - 5 = ☐

5 - 4 = ☐   9 - 4 = ☐   9 - 7 = ☐

10 - 10 = ☐   8 - 6 = ☐   9 - 9 = ☐

9 - 5 = ☐   6 - 6 = ☐   10 - 9 = ☐

6 - 1 = ☐   10 - 5 = ☐   9 - 8 = ☐

4 - 3 = ☐   7 - 6 = ☐   5 - 4 = ☐

8 - 4 = ☐   8 - 7 = ☐   6 - 3 = ☐

10 - 4 = ☐   10 - 6 = ☐   9 - 5 = ☐

3 - 3 = ☐   7 - 7 = ☐   5 - 1 = ☐

8 - 8 = ☐   9 - 1 = ☐   2 - 2 = ☐

 Cette activité permet à l'enfant de s'entraîner à ce qu'il a appris sur la soustraction.
Si l'exercice lui semble difficile, il peut utiliser ses doigts ou une ligne numérique.

CALCULS

Barre les calculs qui ne sont pas corrects.
(Il s'agit de calculs qui ne dépassent pas la dizaine.)

3 + 7 = 10	6 + 3 = 10	7 - 2 = 5
5 - 1 = 3	7 - 3 = 4	6 + 3 = 10
10 - 4 = 4	8 - 2 = 5	10 - 9 = 2
7 + 2 = 10	5 + 3 = 8	7 + 1 = 8
5 + 4 = 7	4 + 3 = 7	4 - 1 = 3
4 + 5 = 9	10 - 10 = 1	6 + 3 = 9
4 - 3 = 2	5 + 2 = 8	10 - 4 = 7
3 + 3 = 6	8 - 4 = 4	10 - 2 = 8

 Pour se corriger, l'enfant peut avoir devant lui les pages d'additions et de soustractions précédemment résolues, afin de vérifier le résultat de chaque opération.

LES DOUBLES (DE 1 À 5)

Dessine chaque image en double et écris le nombre correspondant.

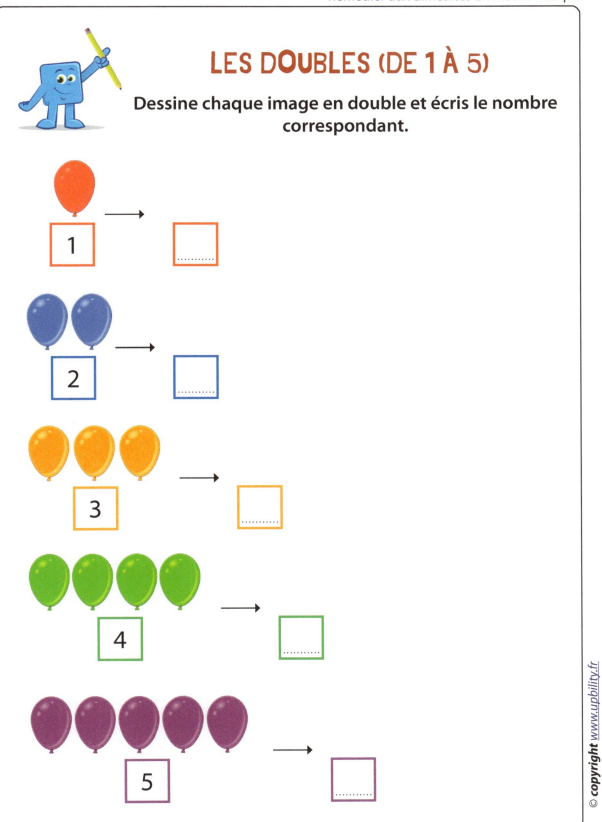

 Cette activité permet à l'enfant de mémoriser visuellement le double des nombres jusqu'à 5". Il s'agit d'une introduction à la notion de multiplication.

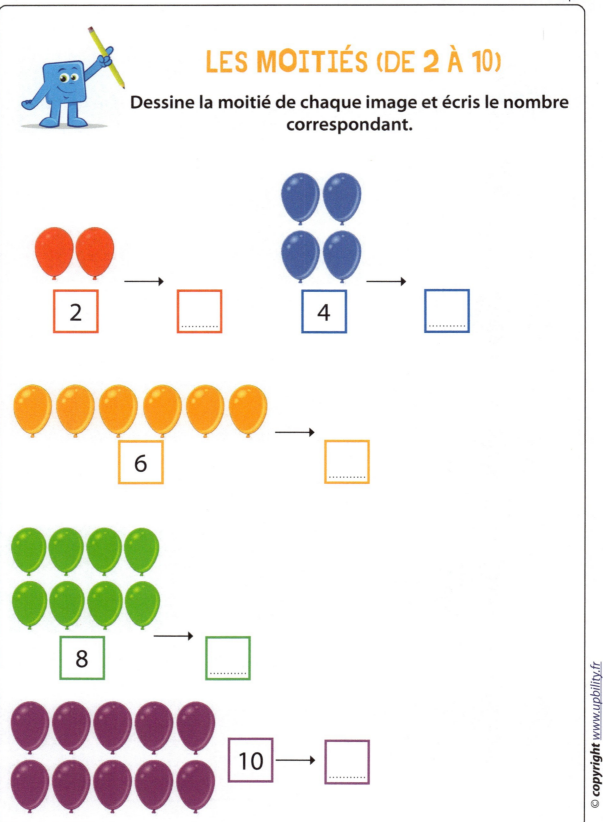

 Cette activité permet à l'enfant de mémoriser visuellement la moitié des nombres jusqu'à 10. Il s'agit d'une introduction à la notion de division.

LES DOUBLES (DE 5 À 10)

Dessine chaque image en double et écris le nombre correspondant.

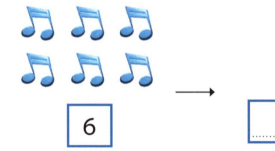

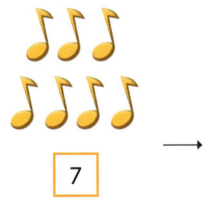

Cette activité permet à l'enfant de mémoriser visuellement le double des nombres jusqu'à 10. Il s'agit d'une introduction à la notion de multiplication.

LES DOUBLES (DE 5 À 10)

Dessine chaque image en double et écris le nombre correspondant.

8 ....

9 ....

10 ....

 Cette activité permet à l'enfant de mémoriser visuellement le double des nombres jusqu'à 10. Il s'agit d'une introduction à la notion de multiplication.

Remédier aux difficultés en mathématiques

LES MOITIÉS (DE 10 À 20)

Dessine la moitié de chaque dessin et écris le nombre correspondant.

10 ....

12 ....

14 ....

 Cette activité permet à l'enfant de mémoriser visuellement la moitié des nombres jusqu'à 20. Il s'agit d'une introduction à la notion de division.

LES MOITIÉS (DE 10 À 20)

Dessine la moitié de chaque dessin et écris le nombre correspondant.

16

18

20

 Cette activité permet à l'enfant de mémoriser visuellement la moitié des nombres jusqu'à 20. Il s'agit d'une introduction à la notion de division.

LES CALCULS ÉQUIVALENTS

Colorie dans une même couleur les ronds qui portent un calcul équivalent. Utilise une couleur par paire.

- $5+3=8$
- $4+2=6$
- $6+3=9$
- $3+6=9$
- $2+6=8$
- $1+5=6$
- $8+2=10$
- $7+3=10$
- $5+1=6$
- $3+7=10$
- $3+5=8$
- $2+8=10$
- $6+4=10$
- $6+2=8$
- $4+6=10$
- $2+4=6$

De cette manière, l'enfant se familiarise avec la commutativité de l'addition.

LES CALCULS ÉQUIVALENTS

Colorie dans une même couleur les ronds qui portent un calcul équivalent. Utilise une couleur par paire.

- 5+4=9
- 2+3=5
- 4+3=7
- 7+2=9
- 4+5=9
- 5+2=7
- 1+9=10
- 2+1=3
- 8+1=9
- 2+5=7
- 1+2=3
- 9+1=10
- 3+2=5
- 2+7=9
- 3+4=7
- 1+8=9

 De cette manière, l'enfant se familiarise avec la commutativité de l'addition.

Remédier aux difficultés en mathématiques

LES CALCULS ÉQUIVALENTS
RÉVISION

Associe chaque fleur à son abeille.

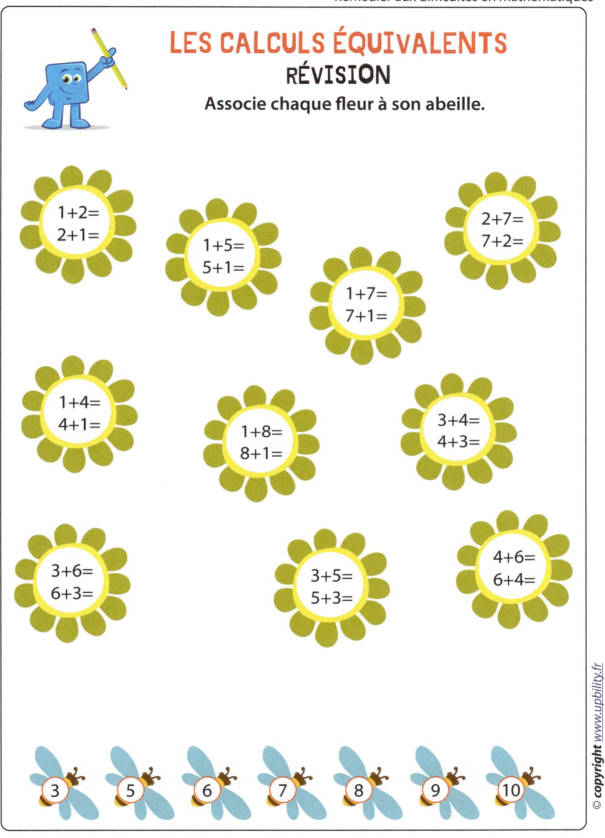

Cet exercice permet de réviser la commutativité de l'addition.

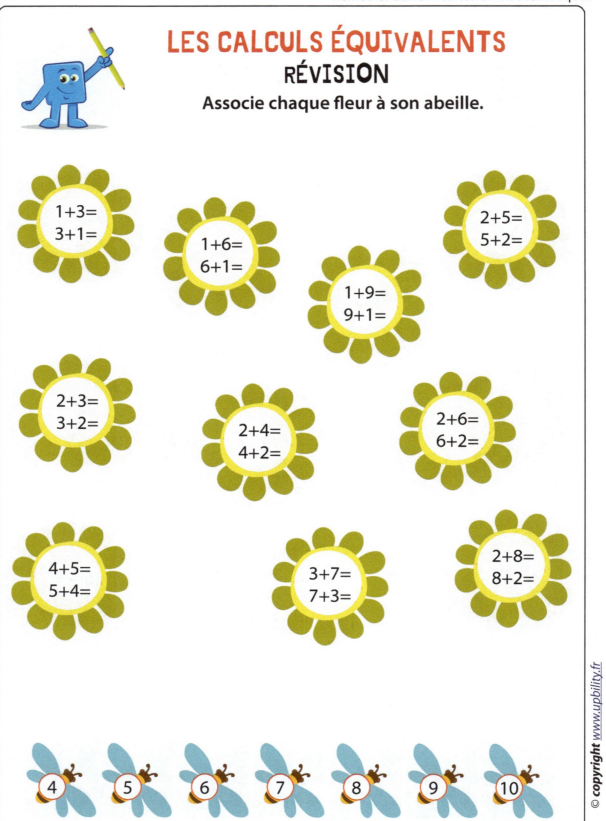

LES CALCULS ÉQUIVALENTS

Décompose les nombres en calculs.

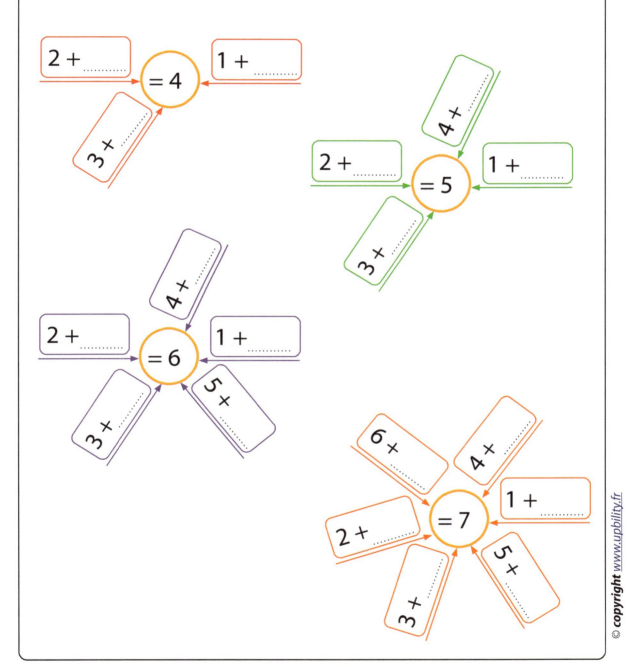

 Cette activité apprend à l'enfant à manipuler les nombres jusqu'à 10.

LES CALCULS ÉQUIVALENTS

Décompose les nombres en calculs.

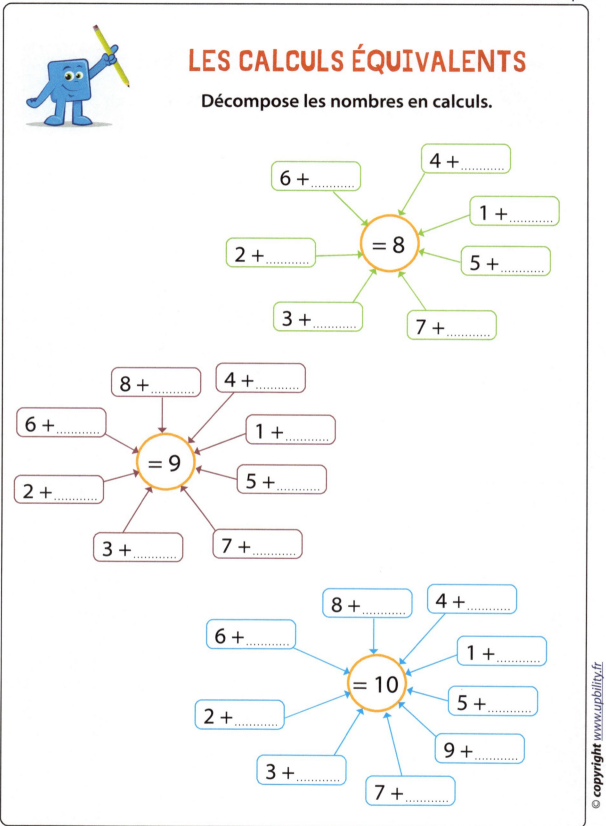

Cette activité apprend à l'enfant à manipuler les nombres jusqu'à 10.

LES CALCULS ÉQUIVALENTS
GRILLE DE NOMBRES

Trouve les nombres voisins qui s'associent pour donner 7 et entoure-les.

3	4	5	3	0	6	7	1
0	7	5	6	1	6	0	2
4	7	6	2	0	2	3	6
4	7	1	3	5	4	6	5
5	3	2	7	1	5	1	3
3	6	4	4	6	1	7	6

 Cet exercice constitue un moyen amusant pour l'enfant d'apprendre la façon dont les nombres s'additionnent pour en former d'autres.

LES CALCULS ÉQUIVALENTS
GRILLE DE NOMBRES

Trouve les nombres voisins qui s'associent pour donner 8 et entoure-les.

1	2	3	5	4	7	5	6
7	0	4	4	1	1	2	8
8	3	6	5	7	6	5	7
0	1	0	8	6	4	3	0
8	2	4	3	4	2	8	0
6	2	7	5	5	4	3	1

 Cet exercice constitue un moyen amusant pour l'enfant d'apprendre la façon dont les nombres s'additionnent pour en former d'autres.

LES CALCULS ÉQUIVALENTS
GRILLE DE NOMBRES

Trouve les nombres voisins qui s'associent pour donner 9 et entoure-les.

1	8	3	2	7	4	6	4
9	1	0	3	5	9	3	0
5	6	0	9	7	6	8	8
3	4	2	2	4	1	7	5
5	2	4	8	3	6	2	3
1	9	0	7	9	4	4	5

 Cet exercice constitue un moyen amusant pour l'enfant d'apprendre la façon dont les nombres s'additionnent pour en former d'autres.

LES CALCULS ÉQUIVALENTS
GRILLE DE NOMBRES

Trouve les nombres voisins qui s'associent pour donner 10 et entoure-les.

4	6	3	2	2	5	1	4
9	2	6	7	8	3	5	5
5	4	7	1	6	7	2	9
9	1	3	2	5	4	9	6
5	4	8	3	5	8	2	1
6	5	6	9	1	7	4	7

 Cet exercice constitue un moyen amusant pour l'enfant d'apprendre la façon dont les nombres s'additionnent pour en former d'autres.

L'ADDITION
avec dépassement de la dizaine

Résous les additions suivantes, qui dépassent la dizaine.
Pour cela, décompose le deuxième terme en deux nombres plus petits, comme dans l'exemple.

NIVEAU 1

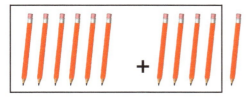

6 + 5 = _____ = _____

4 1

 +

_____ + _____ = _____ = _____

 +

_____ + _____ = _____ = _____

Cet exercice vise à introduire l'addition qui dépasse la dizaine, avec un support visuel pour plus de facilité.

Remédier aux difficultés en mathématiques

NIVEAU 1

L'ADDITION
avec dépassement de la dizaine

Résous les additions suivantes, qui dépassent la dizaine. Pour cela, décompose le deuxième terme en deux nombres plus petits.

 +

+ .... + ... = ... = ...

 +

+ .... + ... = ... = ...

 +

+ .... + ... = ... = ...

 Cet exercice vise à introduire l'addition qui dépasse la dizaine, avec un support visuel pour plus de facilité.

136

L'ADDITION
avec dépassement de la dizaine

NIVEAU 1

Résous les additions suivantes, qui dépassent la dizaine. Pour cela, décompose le deuxième terme en deux nombres plus petits.

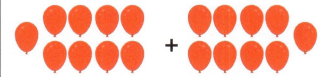

.... + ... = ... = ...

.... + ... = ... = ...

.... + ... = ... = ...

Cet exercice vise à introduire l'addition qui dépasse la dizaine, avec un support visuel pour plus de facilité.

L'ADDITION
avec dépassement de la dizaine

NIVEAU 1

Résous les additions suivantes, qui dépassent la dizaine. Pour cela, décompose le deuxième terme en deux nombres plus petits.

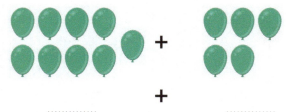

………… + ………… = ………………… = …………

………… + ………… = ………………… = …………

………… + ………… = ………………… = …………

Cet exercice vise à introduire l'addition qui dépasse la dizaine, avec un support visuel pour plus de facilité.

NIVEAU 1

L'ADDITION
avec dépassement de la dizaine

Résous les additions suivantes, qui dépassent la dizaine. Pour cela, décompose le deuxième terme en deux nombres plus petits.

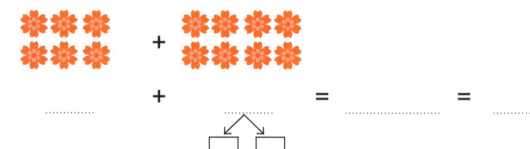

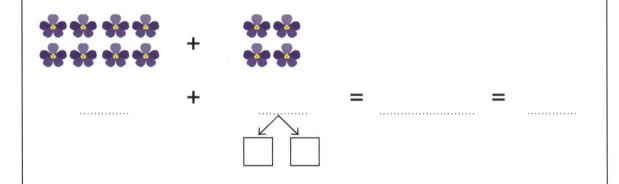

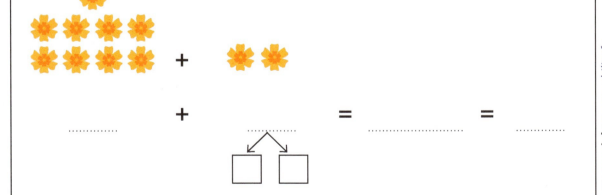

Cet exercice vise à introduire l'addition qui dépasse la dizaine, avec un support visuel pour plus de facilité.

L'ADDITION
avec dépassement de la dizaine

Résous les additions suivantes, qui dépassent la dizaine. Pour cela, décompose le deuxième terme en deux nombres plus petits.

NIVEAU 1

………… + ………… = ………………… = …………

………… + ………… = ………………… = …………

………… + ………… = ………………… = …………

Cet exercice vise à introduire l'addition qui dépasse la dizaine, avec un support visuel pour plus de facilité.

L'ADDITION
avec dépassement de la dizaine

Résous les additions suivantes, qui dépassent la dizaine.
Pour cela, décompose le deuxième terme en deux nombres plus petits.

NIVEAU 1

 +

.... + ... = ... = ...

 +

.... + ... = ... = ...

 +

.... + ... = ... = ...

Cet exercice vise à introduire l'addition qui dépasse la dizaine, avec un support visuel pour plus de facilité.

L'ADDITION
avec dépassement de la dizaine

Résous les additions suivantes, qui dépassent la dizaine. Pour cela, décompose le deuxième terme en deux nombres plus petits.

.... + ... = ... = ...

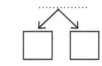

.... + ... = ... = ...

.... + ... = ... = ...

Cet exercice vise à introduire l'addition qui dépasse la dizaine, avec un support visuel pour plus de facilité.

Remédier aux difficultés en mathématiques

NIVEAU 1

L'ADDITION
avec dépassement de la dizaine

Résous les additions suivantes, qui dépassent la dizaine. Pour cela, décompose le deuxième terme en deux nombres plus petits.

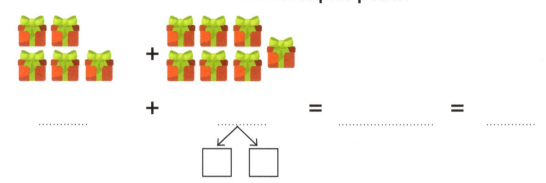

.... + ... = ... = ...

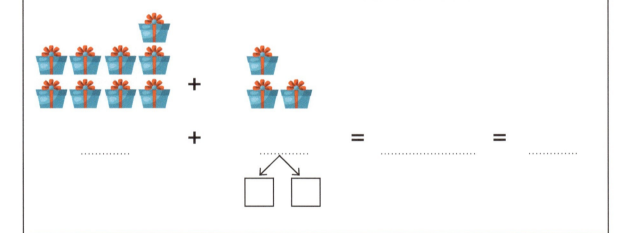

.... + ... = ... = ...

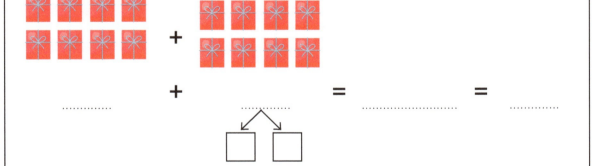

.... + ... = ... = ...

Cet exercice vise à introduire l'addition qui dépasse la dizaine, avec un support visuel pour plus de facilité.

143

L'ADDITION
avec dépassement de la dizaine

NIVEAU 1

Résous les additions suivantes, qui dépassent la dizaine. Pour cela, décompose le deuxième terme en deux nombres plus petits.

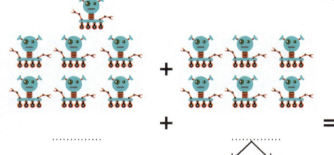

………… + ………… = ………… = …………

………… + ………… = ………… = …………

………… + ………… = ………… = …………

Cet exercice vise à introduire l'addition qui dépasse la dizaine, avec un support visuel pour plus de facilité.

Remédier aux difficultés en mathématiques

NIVEAU 1

L'ADDITION
avec dépassement de la dizaine

Résous les additions suivantes, qui dépassent la dizaine. Pour cela, décompose le deuxième terme en deux nombres plus petits.

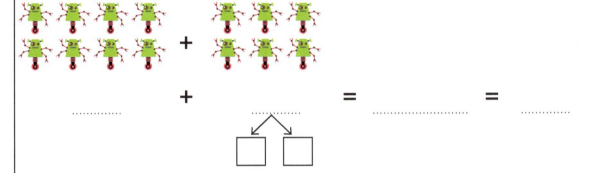

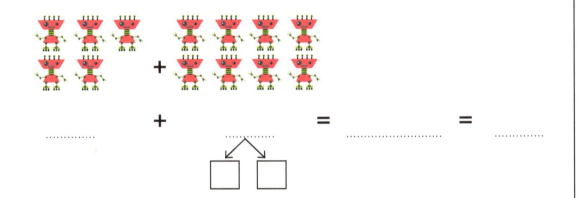

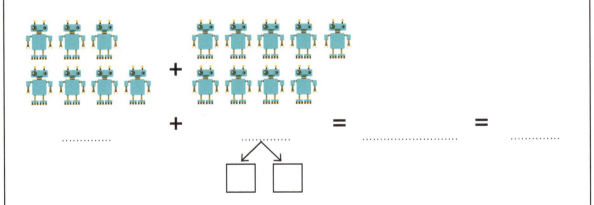

 Cet exercice vise à introduire l'addition qui dépasse la dizaine, avec un support visuel pour plus de facilité.

Remédier aux difficultés en mathématiques

NIVEAU 2

L'ADDITION
avec dépassement de la dizaine

Résous les additions suivantes, qui dépassent la dizaine. Pour cela, décompose le deuxième terme en deux nombres plus petits.

7 + [🚗🚗🚗🚗] = ☐ + ☐ + ☐ = ...
                   ↓
                  10

5 + [🚙🚙🚙🚙🚙🚙] = ☐ + ☐ + ☐ = ...
                       ↓

4 + [🚗🚗🚗🚗🚗🚗🚗🚗🚗] = ☐ + ☐ + ☐ = ...
                              ↓

9 + [🚘🚘🚘] = ☐ + ☐ + ☐ = ...
                ↓

 À ce niveau, l'enfant passe du stade du comptage à celui du comptage partiel (il garde en mémoire un terme et continue le calcul en comptant les objets qui représentent le deuxième terme).

Remédier aux difficultés en mathématiques

NIVEAU 2

L'ADDITION
avec dépassement de la dizaine

Résous les additions suivantes, qui dépassent la dizaine. Pour cela, décompose le deuxième terme en deux nombres plus petits.

8 + 🔶🔶🔶🔶🔶🔶 = ☐ + ☐ + ☐ = ...

9 + 💚💚 = ☐ + ☐ + ☐ = ...

6 + 🟡🟡🟡🟡🟡🟡 = ☐ + ☐ + ☐ = ...

7 + 💎💎💎💎💎💎💎💎 = ☐ + ☐ + ☐ = ...

 À ce niveau, l'enfant passe du stade du comptage à celui du comptage partiel (il garde en mémoire un terme et continue le calcul en comptant les objets qui représentent le deuxième terme).

L'ADDITION
avec dépassement de la dizaine

NIVEAU 2

Résous les additions suivantes, qui dépassent la dizaine. Pour cela, décompose le deuxième terme en deux nombres plus petits.

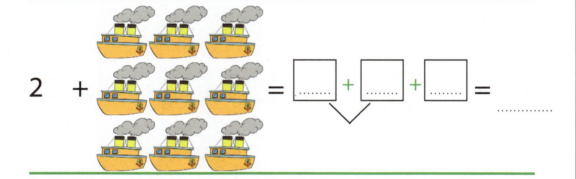

9 + 🚢🚢🚢🚢🚢🚢 = ☐ + ☐ + ☐ = ……

2 + 🚢🚢🚢🚢🚢🚢🚢🚢🚢 = ☐ + ☐ + ☐ = ……

5 + 🚢🚢🚢🚢🚢🚢🚢 = ☐ + ☐ + ☐ = ……

8 + 🚢🚢🚢 = ☐ + ☐ + ☐ = ……

À ce niveau, l'enfant passe du stade du comptage à celui du comptage partiel (il garde en mémoire un terme et continue le calcul en comptant les objets qui représentent le deuxième terme).

L'ADDITION
avec dépassement de la dizaine

NIVEAU 2

Résous les additions suivantes, qui dépassent la dizaine. Pour cela, décompose le deuxième terme en deux nombres plus petits.

6 + 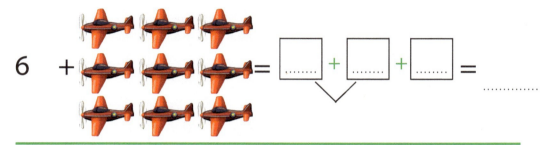 = ☐ + ☐ + ☐ = ...

3 + 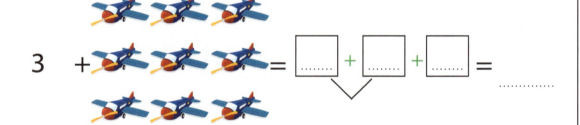 = ☐ + ☐ + ☐ = ...

7 + (5 avions) = ☐ + ☐ + ☐ = ...

9 + (9 avions) = ☐ + ☐ + ☐ = ...

À ce niveau, l'enfant passe du stade du comptage à celui du comptage partiel (il garde en mémoire un terme et continue le calcul en comptant les objets qui représentent le deuxième terme).

NIVEAU 2

L'ADDITION
avec dépassement de la dizaine

Résous les additions suivantes, qui dépassent la dizaine.
Pour cela, décompose le deuxième terme en deux nombres plus petits.

9 + 🕶️🕶️🕶️🕶️ = [......] + [......] + [......] = ...

6 + 🕶️🕶️🕶️🕶️🕶️ = [......] + [......] + [......] = ...

7 + 🕶️🕶️🕶️🕶️🕶️🕶️ = [......] + [......] + [......] = ...

8 + 🕶️🕶️🕶️🕶️🕶️🕶️🕶️ = [......] + [......] + [......] = ...

À ce niveau, l'enfant passe du stade du comptage à celui du comptage partiel (il garde en mémoire un terme et continue le calcul en comptant les objets qui représentent le deuxième terme).

Remédier aux difficultés en mathématiques

NIVEAU 2

L'ADDITION
avec dépassement de la dizaine

Résous les additions suivantes, qui dépassent la dizaine. Pour cela, décompose le deuxième terme en deux nombres plus petits.

4 + 🌸🌸🌸🌸🌸🌸🌸 = ☐ + ☐ + ☐ = ……

8 + 🌸🌸🌸🌸🌸 = ☐ + ☐ + ☐ = ……

6 + 🌸🌸🌸🌸🌸🌸🌸 = ☐ + ☐ + ☐ = ……

9 + 🌸🌸🌸🌸🌸🌸 = ☐ + ☐ + ☐ = ……

À ce niveau, l'enfant passe du stade du comptage à celui du comptage partiel (il garde en mémoire un terme et continue le calcul en comptant les objets qui représentent le deuxième terme).

L'ADDITION
avec dépassement de la dizaine

Résous les additions suivantes, qui dépassent la dizaine. Pour cela, décompose le deuxième terme en deux nombres plus petits.

NIVEAU 2

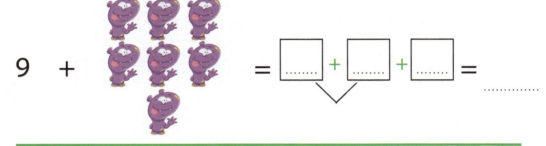

9 + [🐵×7] = ☐ + ☐ + ☐ = ...

8 + [🐙×8] = ☐ + ☐ + ☐ = ...

5 + [🐍×9] = ☐ + ☐ + ☐ = ...

6 + [👾×8] = ☐ + ☐ + ☐ = ...

À ce niveau, l'enfant passe du stade du comptage à celui du comptage partiel (il garde en mémoire un terme et continue le calcul en comptant les objets qui représentent le deuxième terme).

L'ADDITION
avec dépassement de la dizaine

NIVEAU 2

Résous les additions suivantes, qui dépassent la dizaine. Pour cela, décompose le deuxième terme en deux nombres plus petits.

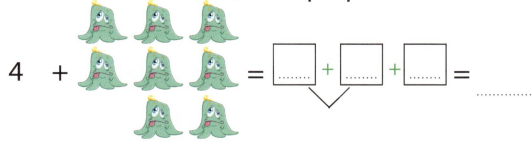

4 + 🐙(8) = ☐ + ☐ + ☐ = ...

9 + 👾(5) = ☐ + ☐ + ☐ = ...

8 + 👹(9) = ☐ + ☐ + ☐ = ...

3 + 🐤(9) = ☐ + ☐ + ☐ = ...

 À ce niveau, l'enfant passe du stade du comptage à celui du comptage partiel (il garde en mémoire un terme et continue le calcul en comptant les objets qui représentent le deuxième terme).

L'ADDITION
avec dépassement de la dizaine

NIVEAU 2

Résous les additions suivantes, qui dépassent la dizaine. Pour cela, décompose le deuxième terme en deux nombres plus petits.

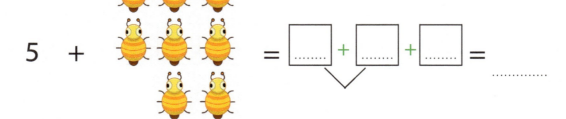

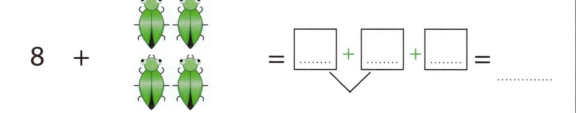

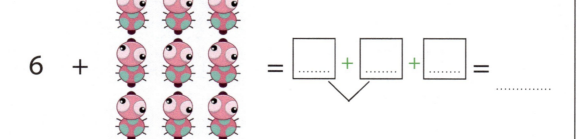

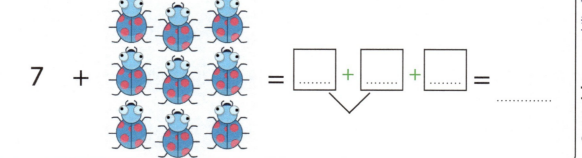

 À ce niveau, l'enfant passe du stade du comptage à celui du comptage partiel (il garde en mémoire un terme et continue le calcul en comptant les objets qui représentent le deuxième terme).

L'ADDITION
avec dépassement de la dizaine

Résous les additions suivantes.

NIVEAU 3

- 2 + 9 =   2+8+1 = 10+1 = 11
- 4 + 8 =
- 5 + 7 =
- 6 + 5 =
- 7 + 4 =
- 4 + 9 =
- 6 + 8 =
- 7 + 6 =
- 7 + 8 =
- 8 + 3 =
- 8 + 6 =
- 8 + 9 =

Cette activité permet à l'enfant de s'entraîner à ce qu'il a appris sur l'addition qui dépasse la dizaine. Si l'exercice lui semble difficile, il peut utiliser ses doigts ou une ligne numérique.

L'ADDITION
avec dépassement de la dizaine

NIVEAU 3

Résous les additions suivantes.

- 9 + 2 = ...
- 9 + 4 = ...
- 9 + 6 = ...
- 9 + 9 = ...
- 3 + 8 = ...
- 6 + 6 = ...
- 9 + 3 = ...
- 8 + 4 = ...
- 7 + 7 = ...
- 5 + 9 = ...
- 4 + 7 = ...
- 8 + 8 = ...

Cette activité permet à l'enfant de s'entraîner à ce qu'il a appris sur l'addition qui dépasse la dizaine. Si l'exercice lui semble difficile, il peut utiliser ses doigts ou une ligne numérique.

L'ADDITION
avec dépassement de la dizaine

Résous les additions suivantes.

- 8 + 5 = ...
- 6 + 9 = ...
- 9 + 8 = ...
- 8 + 7 = ...
- 7 + 9 = ...
- 5 + 6 = ...
- 3 + 9 = ...
- 9 + 5 = ...
- 9 + 7 = ...
- 7 + 5 = ...
- 6 + 7 = ...
- 5 + 8 = ...

NIVEAU 3

Cette activité permet à l'enfant de s'entraîner à ce qu'il a appris sur l'addition qui dépasse la dizaine. Si l'exercice lui semble difficile, il peut utiliser ses doigts ou une ligne numérique.

LES ADJECTIFS NUMÉRAUX

a Colorie le premier éléphant en bleu, le quatrième en brun et le septième en jaune.

b Colorie la première fleur en rouge, celle du milieu en violet et la dernière en orange.

c Colorie en vert la troisième feuille, la cinquième et la huitième.

d Colorie le deuxième papillon en bleu, le sixième en rose, le neuvième en jaune et le dixième en orange.

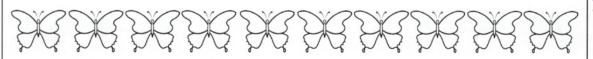

 Cette activité a pour objectif d'exercer l'enfant aux numéraux ordinaux.

LES ADJECTIFS NUMÉRAUX

Écris les nombres ordinaux suivants en lettres.

1ᵉʳ ....

2ᵉᵐᵉ ....

3ᵉᵐᵉ ....

4ᵉᵐᵉ ....

5ᵉᵐᵉ ....

 Cette activité a pour objectif d'exercer l'enfant aux numéraux ordinaux.

LES ADJECTIFS NUMÉRAUX

Écris les nombres ordinaux suivants en lettres.

6ème ....

7ème ....

8ème ....

9ème ....

10ème ....

 Cette activité a pour objectif d'exercer l'enfant aux numéraux ordinaux.

LES ADJECTIFS NUMÉRAUX

Mets les prénoms des enfants au bon endroit et dis quelle place ils occupent (1ère, 2ème, etc.).

> Greg est le deuxième. Hélène se trouve entre le troisième enfant et le cinquième. Christelle est avant Greg. Malek est le cinquième. Liam se trouve après Malek. Leïla est la troisième. Penny occupe la place qui reste.

prénom   **place**

	....
	....
	....
	....
	....
	....
	....

 Vous pouvez réfléchir à des « problèmes » simples du même genre, au quotidien, pour entraîner les enfants aux numéraux ordinaux. Par exemple : « Asseyez-vous dans l'ordre : C. le premier, E. la deuxième, etc. »

LES ADJECTIFS NUMÉRAUX

Mets les noms des chiens au bon endroit et dis quelle place ils occupent (1ère, 2ème, etc.).

> Ralf est le dernier. Teddy est le sixième. Rex se trouve entre Nana et Rika. Sissi est la première. Toto se trouve après Sissi.

prénom **place**

	....
	....
	....
	....
	....
	....
	....

Vous pouvez réfléchir à des « problèmes » simples du même genre, au quotidien, pour entraîner les enfants aux numéraux ordinaux. Par exemple : « Asseyez-vous dans l'ordre : C. le premier, E. la deuxième, etc. »

PLUS GRAND, PLUS PETIT OU ÉGAL

Complète avec le symbole qui convient (<=>).

5 < 7   8 ___ 18   11 ___ 11

19 ___ 91   25 ___ 22   10 ___ 1

33 ___ 31   12 ___ 21   5 ___ 4

27 ___ 17   55 ___ 55   90 ___ 9

17 ___ 9   13 ___ 31   11 ___ 22

12 ___ 12   16 ___ 15   21 ___ 31

 Vous pouvez comparer les symboles < et > à des bouches de crocodiles. La bouche est toujours ouverte face au plus grand nombre, parce que le crocodile est gourmand.

LES NOMBRES JUSQU'À 100

Complète le tableau avec les nombres qui manquent.

1	2		4		6	7	8	9	
	12		14	15			18		20
21		23	24	25	26		28		
	33		35		37		39	40	
41	42			46			49	50	
	52	53	54		56		58	59	
61			64	65		67			70
	72	73		75	76		78	79	
81			84		86	87		89	90
	92			95			98	99	

 Utilisez le tableau complété pour compter avec l'enfant en commençant et en terminant par un nombre précis. Par exemple, comptez 2 par 2 ou 5 par 5, à partir de 20 et jusqu'à 35.

L'ADDITION

Résous les additions par le calcul écrit (à la verticale).

D	U
1	3
+ 2	5

D	U
3	3
+ 1	2

D	U
	7
+ 2	1

D	U
2	5
+ 3	4

D	U
1	9
+ 1	0

D	U
2	2
+ 2	6

D	U
3	0
+ 1	5

D	U
2	4
+ 3	1

D	U
2	5
+	3

Les différentes couleurs et la ligne qui sépare les dizaines (D) des unités (U) servent de guide aux enfants qui éprouvent des difficultés d'orientation spatiale.

L'ADDITION

Résous les additions par le calcul écrit (à la verticale).

D	U
5	2
+2	3

....

D	U
1	6
+4	1

....

D	U
2	3
+	5

....

D	U
4	4
+3	0

....

D	U
4	9
+3	0

....

D	U
5	3
+3	6

....

D	U
2	5
+	3

....

D	U
2	4
+5	3

....

D	U
3	5
+6	1

....

Les différentes couleurs et la ligne qui sépare les dizaines (D) des unités (U) servent de guide aux enfants qui éprouvent des difficultés d'orientation spatiale.

LA SOUSTRACTION

Résous les soustractions par le calcul écrit (à la verticale).

D	U
3	5
-1	5

D	U
4	5
-4	2

D	U
3	9
-1	0

....

D	U
6	7
-3	3

D	U
4	7
-3	5

D	U
3	9
-3	9

....

D	U
3	7
-	2

D	U
4	6
-1	2

D	U
5	9
-2	6

....

 Les différentes couleurs et la ligne qui sépare les dizaines (D) des unités (U) servent de guide aux enfants qui éprouvent des difficultés d'orientation spatiale.

LA SOUSTRACTION

Résous les soustractions par le calcul écrit (à la verticale).

D	U
5	2
-2	1

....

D	U
6	7
-	7

....

D	U
9	3
-3	3

....

D	U
6	9
-6	2

....

D	U
8	5
-	4

....

D	U
1	9
-1	2

....

D	U
6	6
-2	2

....

D	U
3	9
-1	7

....

D	U
7	8
-7	7

....

 Les différentes couleurs et la ligne qui sépare les dizaines (D) des unités (U) servent de guide aux enfants qui éprouvent des difficultés d'orientation spatiale.

L'ADDITION - LA SOUSTRACTION
Résous les calculs écrits.

D	U
3	5
+ 2	5

....

D	U
5	6
- 1	2

....

D	U
7	9
-	5

....

D	U
	8
+ 4	1

....

D	U
5	3
+ 3	5

....

D	U
4	7
- 2	3

....

D	U
3	2
+ 3	7

....

D	U
8	8
- 4	5

....

D	U
7	2
- 6	2

....

Les différentes couleurs et la ligne qui sépare les dizaines (D) des unités (U) servent de guide aux enfants qui éprouvent des difficultés d'orientation spatiale.

L'ADDITION

Copie les additions suivantes sous la forme de calculs écrits et résous-les.

27+12=	21+8=
13+30=	15+14=
7+21=	32+26=

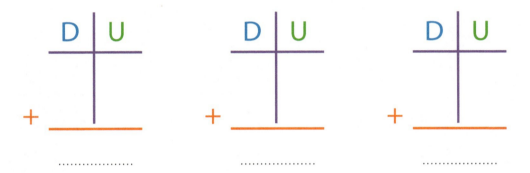

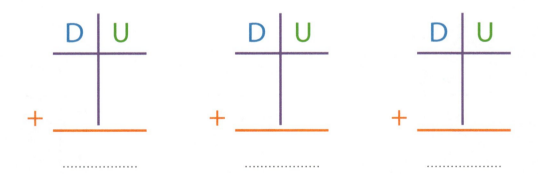

 Utilisez des couleurs différentes, pour que l'enfant voie la place des unités et des dizaines.

L'ADDITION

Copie les additions suivantes sous la forme de calculs écrits et résous-les.

34+11=	38+31=
10+40=	3+34=
17+2=	16+12=

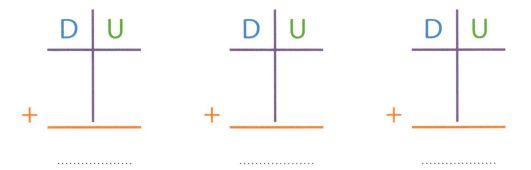

Utilisez des couleurs différentes, pour que l'enfant voie la place des unités et des dizaines.

LA SOUSTRACTION

Copie les soustractions suivantes sous la forme de calculs écrits et résous-les.

59-12=   45-35=
47-6=   23-21=
35-21=   46-24=

 Utilisez des couleurs différentes, pour que l'enfant voie la place des unités et des dizaines.

LA SOUSTRACTION

Copie les soustractions suivantes sous la forme de calculs écrits et résous-les.

39-14=	48-15=
52-20=	59-12=
27-5=	16-14=

Utilisez des couleurs différentes, pour que l'enfant voie la place des unités et des dizaines.

LE CODE SECRET

Chaque nombre correspond à une lettre. Résous les opérations et décode le message secret. Tu peux utiliser ta ligne numérique plastifiée.

A = 2+3	G = 7-5
C = 3+3	J = 8-7
D = 10+8	L = 10+1
E = 10-2	M = 10+10
É = 7+3	N = 7-7
	T = 9-5

8 0 10 4 10   1 8
___ ___ ___ ___ ___   ___ ___

20 5 0 2 8   18 8   11 5
___ ___ ___ ___ ___   ___ ___   ___ ___

2 11 5 6 8
___ ___ ___ ___ ___.

Cette activité constitue un moyen amusant pour l'enfant de s'exercer à l'addition et à la soustraction.

LE CODE SECRET

Chaque nombre correspond à une lettre. Résous les opérations et décode le message secret. Tu peux utiliser ta ligne numérique plastifiée.

A = 6+6	J = 5+6	T = 4+6
B = 8+6	L = 20-19	U = 17-10
C = 10+10	M = 10+3	
E = 16-8	O = 14+2	
I = 7+8	P = 13+4	

20 8   11 8 7   13 8
___ ___   ___ ___ ___   ___ ___

17 1 12 15 10
___ ___ ___ ___ ___

14 8 12 7 20 16 7 17
___ ___ ___ ___ ___ ___ ___ ___ .

Cette activité constitue un moyen amusant pour l'enfant de s'exercer à l'addition et à la soustraction.

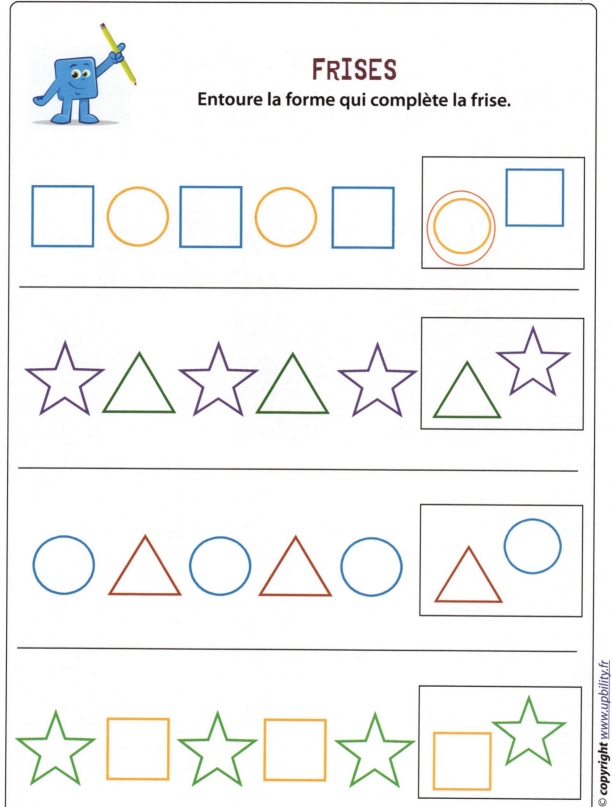

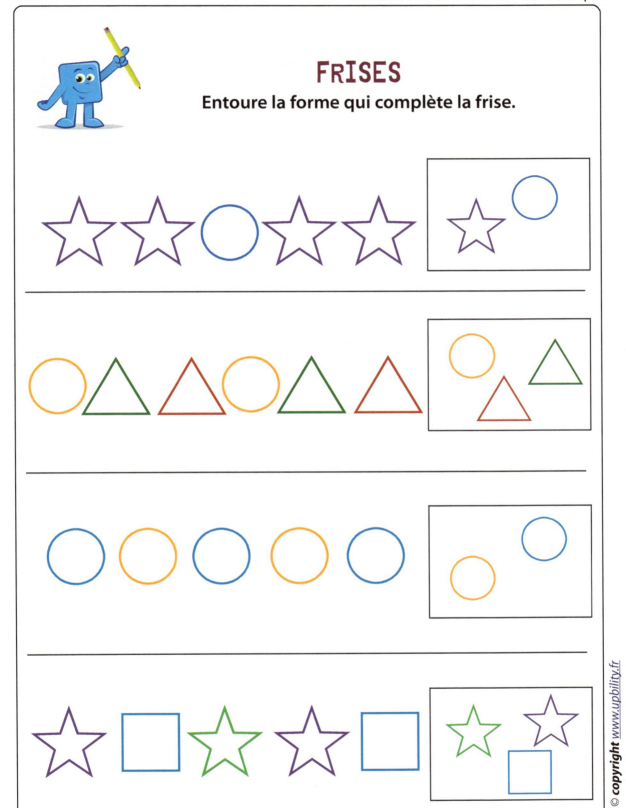

FRISES
Entoure la forme qui complète la frise.

Créez des frises avec des objets courants. Faites l'expérience avec des haricots, des pâtes, ou encore des cubes de construction.

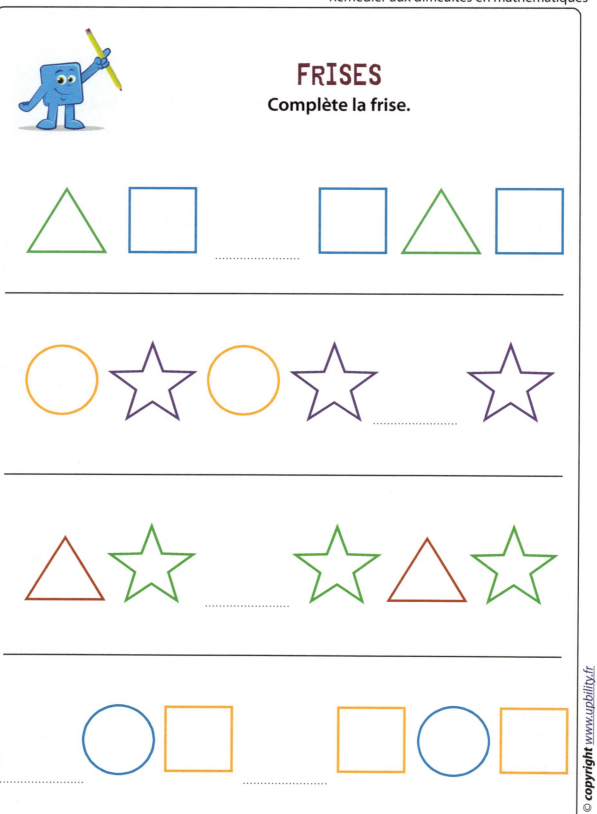

Remédier aux difficultés en mathématiques

FRISES
Complète la frise.

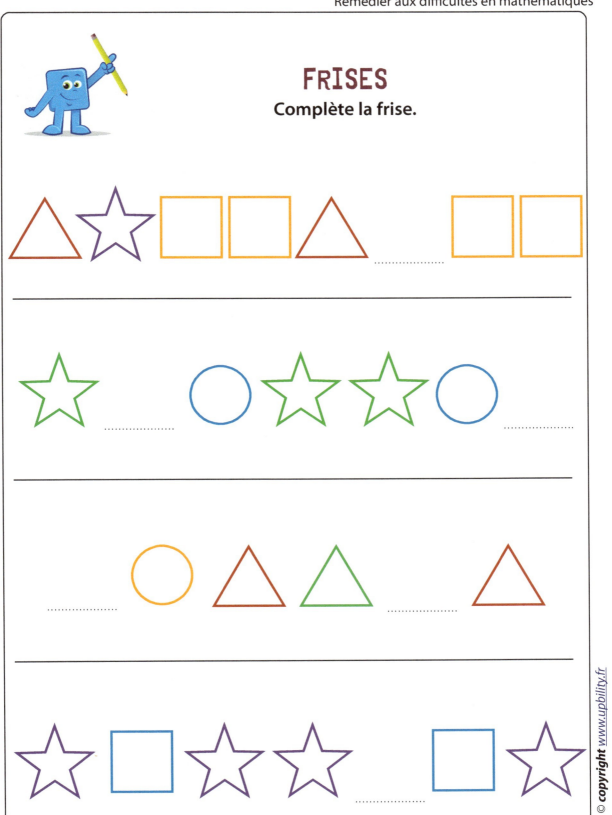

Créez des frises avec des objets courants. Faites l'expérience avec des haricots, des pâtes, ou encore des cubes de construction.

FRISES

Utilise les formes que tu veux pour créer ta propre frise.

Créez des frises avec des objets courants. Faites l'expérience avec des haricots, des pâtes, ou encore des cubes de construction.

PROBLÈMES
Règlement de bord

Étapes pour bien résoudre les problèmes :

1 Lis attentivement le problème.

2 Repère les mots-clés (donne, prend, plus, moins, il reste, etc.)

3 Entoure ou souligne avec un feutre de couleur les informations données dans l'énoncé du problème.

4 Entoure ou souligne dans une couleur différente la question posée dans le problème.

5 Détermine l'opération que tu vas devoir effectuer.

6 N'oublie pas d'écrire la réponse une fois que tu as résolu les opérations.

Remédier aux difficultés en mathématiques

prOblèmes jusqu'à 10

Hélène a 5 autocollants. Son ami, Christophe, lui en donne 2.
Combien d'autocollants a-t-elle, maintenant ?

Quelle opération dois-tu faire ? ....

Ton calcul : ....

Ta réponse : ....

Simon a 7 bonbons. Sa grand-mère lui en donne 3.
Combien de bonbons a-t-il, maintenant ?

Quelle opération dois-tu faire ? ....

Ton calcul : ....

Ta réponse : ....

© copyright www.upbility.fr

PROBLÈMES JUSQU'À 10

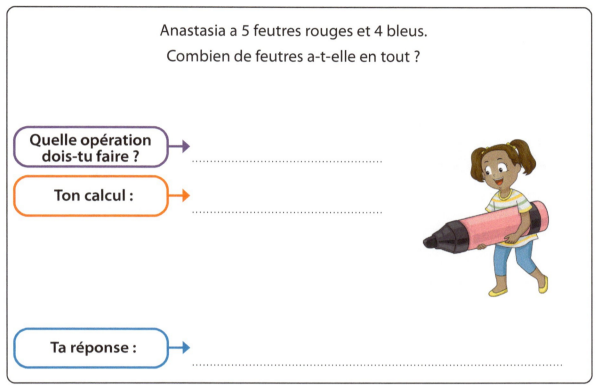

Anastasia a 5 feutres rouges et 4 bleus.
Combien de feutres a-t-elle en tout ?

Quelle opération dois-tu faire ? ....

Ton calcul : ....

Ta réponse : ....

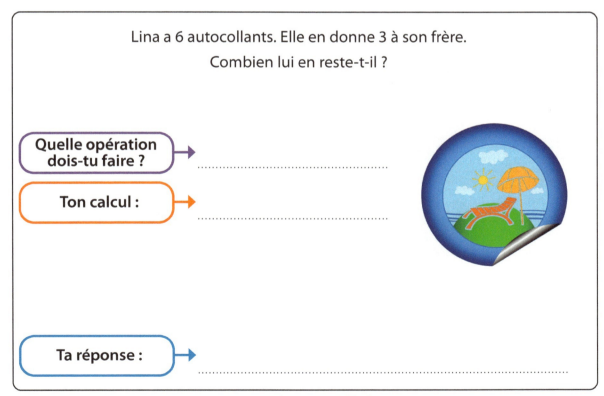

Lina a 6 autocollants. Elle en donne 3 à son frère.
Combien lui en reste-t-il ?

Quelle opération dois-tu faire ? ....

Ton calcul : ....

Ta réponse : ....

PROBLÈMES JUSQU'À 10

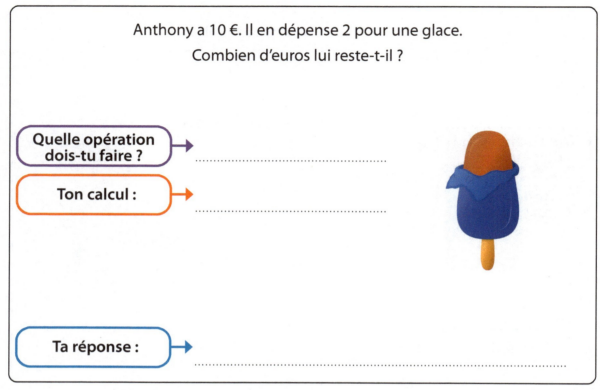

Anthony a 10 €. Il en dépense 2 pour une glace.
Combien d'euros lui reste-t-il ?

Quelle opération dois-tu faire ? ➡ ....

Ton calcul : ➡ ....

Ta réponse : ➡ ....

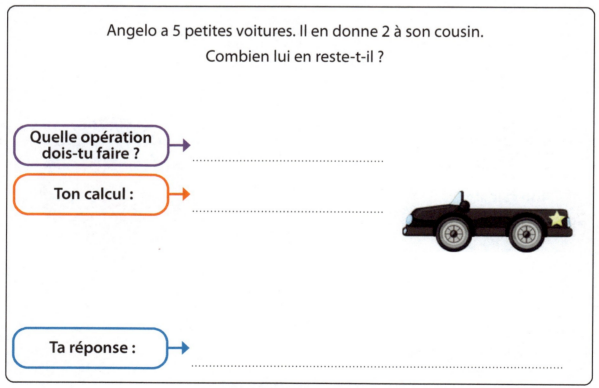

Angelo a 5 petites voitures. Il en donne 2 à son cousin.
Combien lui en reste-t-il ?

Quelle opération dois-tu faire ? ➡ ....

Ton calcul : ➡ ....

Ta réponse : ➡ ....

PrOblèmes jusqu'à 10

Daphné a 5 poupées. Emma en a 3 de plus.
Combien de poupées a Emma ?

Quelle opération dois-tu faire ? ▶ ....

Ton calcul : ▶ ....

Ta réponse : ▶ ....

Peter a 2 bonbons. Pedro en a 4 de plus.
Combien de bonbons a Pedro ?

Quelle opération dois-tu faire ? ▶ ....

Ton calcul : ▶ ....

Ta réponse : ▶ ....

PROBLÈMES JUSQU'À 10

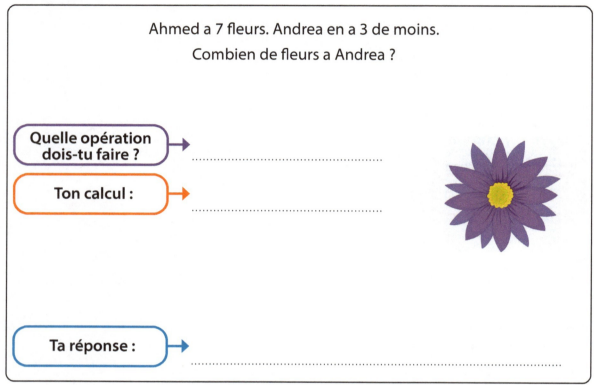

Ahmed a 7 fleurs. Andrea en a 3 de moins.
Combien de fleurs a Andrea ?

Quelle opération dois-tu faire ? ....

Ton calcul : ....

Ta réponse : ....

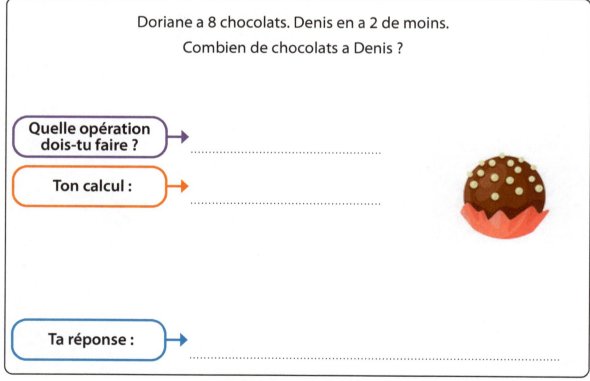

Doriane a 8 chocolats. Denis en a 2 de moins.
Combien de chocolats a Denis ?

Quelle opération dois-tu faire ? ....

Ton calcul : ....

Ta réponse : ....

PROBLÈMES JUSQU'À 20

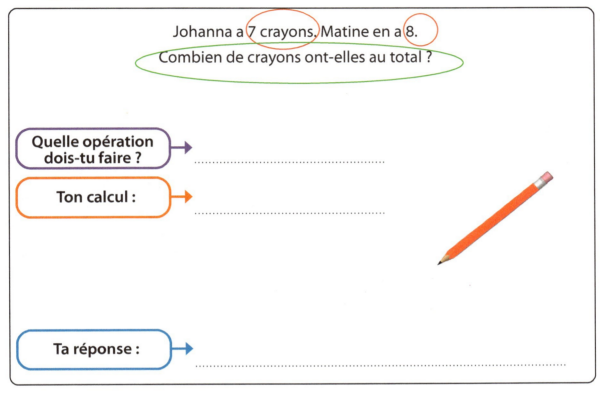

Johanna a 7 crayons. Matine en a 8.
Combien de crayons ont-elles au total ?

Quelle opération dois-tu faire ? ....

Ton calcul : ....

Ta réponse : ....

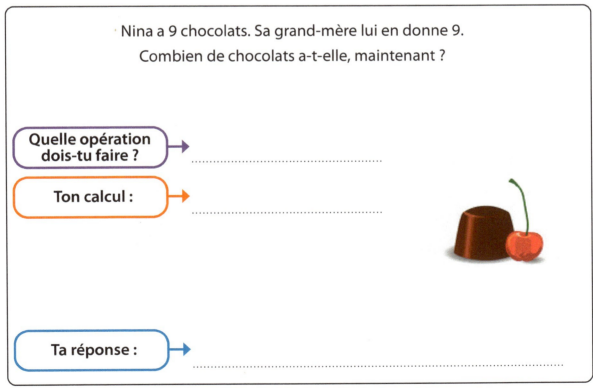

Nina a 9 chocolats. Sa grand-mère lui en donne 9.
Combien de chocolats a-t-elle, maintenant ?

Quelle opération dois-tu faire ? ....

Ton calcul : ....

Ta réponse : ....

Remédier aux difficultés en mathématiques

PROBLÈMES JUSQU'À 20

Grand-père a 5 poules dans sa ferme. Il en achète 8 au marché.
Combien de poules a-t-il, maintenant ?

Quelle opération dois-tu faire ? ....

Ton calcul : ....

Ta réponse : ....

Philippe a 10 € dans sa tirelire. Son papa lui donne 3 €.
Combien d'euros a-t-il, maintenant ?

Quelle opération dois-tu faire ? ....

Ton calcul : ....

Ta réponse : ....

© copyright www.upbility.fr

PROBLÈMES JUSQU'À 20

Maria a 6 poupées. Dounia en a 8 de plus.
Combien de poupées possède Dounia ?

Quelle opération dois-tu faire ? ....

Ton calcul : ....

Ta réponse : ....

Thomas a 4 € dans sa tirelire. Son frère a 8 € de plus que Thomas.
Combien d'euros le frère de Thomas possède-t-il ?

Quelle opération dois-tu faire ? ....

Ton calcul : ....

Ta réponse : ....

LIGNES NUMÉRIQUES

Suggestion didactique : Imprime, plastifie et découpe les lignes numériques suivantes, pour pouvoir les utiliser à chaque fois que tu en as besoin, en écrivant au feutre et en effaçant avec un mouchoir.

! *Un outil utile pour les mathématiques !*

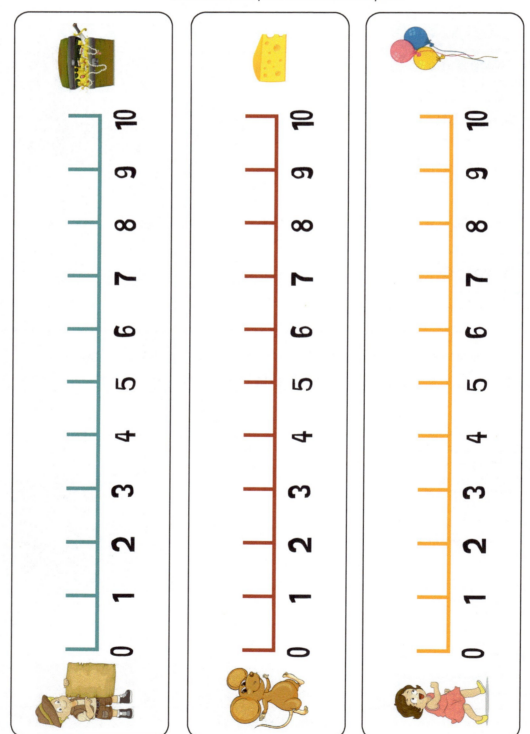

© copyright www.upbility.fr

Remédier aux difficultés en mathématiques

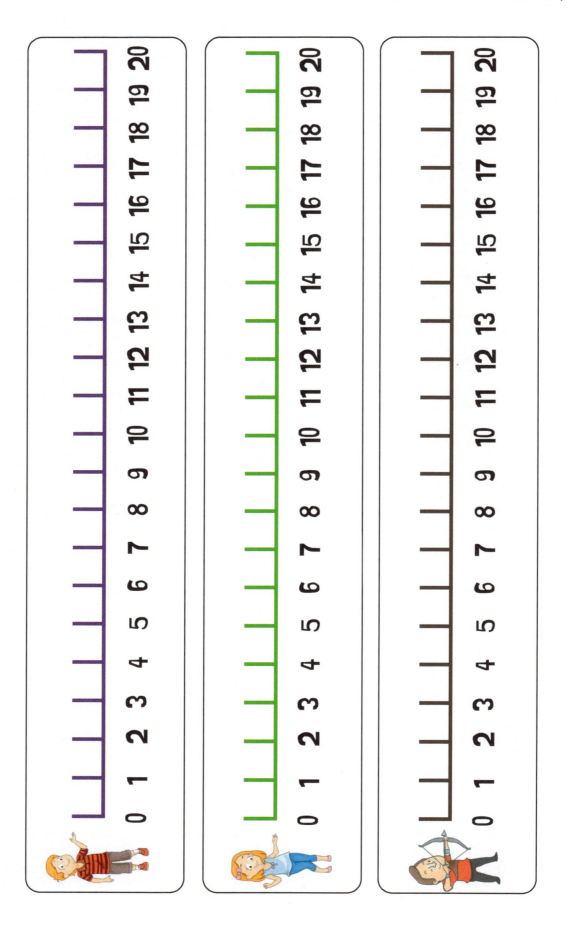

ACTIVITES DE SYMBOLES

Imprimez, plastifiez et découpez les activités suivantes. Utilisez-les dans différentes activités.

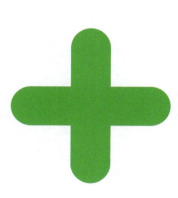

Plus : On utilise le signe « plus » quand on veut faire une addition (ajouter). On peut aussi dire « et ».

Moins : On utilise le signe « moins » quand on veut faire une soustraction (enlever).

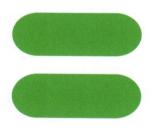

Égal : Le signe « égal » annonce le résultat de l'opération. Autrement dit, il indique combien fait le calcul que l'on a effectué.

Plus petit : Le signe « plus petit » (ou « inférieur ») indique, entre deux nombres, lequel est le plus petit.

© copyright www.upbility.fr

ACTIVITES DE SYMBOLES

Imprimez, plastifiez et découpez les Activités suivantes.
Utilisez-les dans différentes activités.

Fois : On utilise le signe « fois » quand on veut faire une multiplication (multiplier).

Divisé par : On utilise le signe « divisé par » quand on veut faire une division (diviser).

Plus grand : Le signe « plus grand » (ou « supérieur ») indique, entre deux nombres, lequel est le plus grand.

© copyright www.upbility.fr

Les droits d'auteur de le livre appartiennent à l'auteur et à l'éditeur. Toute reproduction du contenu sans l'autorisation écrite de ses propriétaires est interdite. Toute violation des droits constitue une infraction pénale.

SKU: FR-EB1099

Printed in Poland
by Amazon Fulfillment
Poland Sp. z o.o., Wrocław